# Schöner Herbstschmuck

Frauke Stobbe-Rosenstock

# Schöner Herbstschmuck

## Brauchtum und Floristik

73 Farbfotos
21 Zeichnungen

E.U.
VERLAG
EUGEN
ULMER

Titelfoto: Kürbisfest in Muggendorf, Fränkische Schweiz
Umschlagrückseite: »Neue Ernte«, Arbeit von H. Kilian, Meine.

Die Deutsche Bibliothek – CIP-Einheitsaufnahme

**Stobbe-Rosenstock, Frauke:**
Schöner Herbstschmuck: Brauchtum und Floristik /
Frauke Stobbe-Rosenstock. – Stuttgart : Ulmer 1995
ISBN 3-8001-6565-1


Wollgrasweg 41, 70599 Stuttgart (Hohenheim)
Printed in Germany
Lektorat: Ingeborg Ulmer
Herstellung: Thomas Eisele
Einbandgestaltung: Alfred Krugmann, Freiberg am Neckar
mit einem Foto von Kurt Lorz
Satz: Typomedia Satztechnik GmbH, Ostfildern
Druck und Bindung: Passavia Druckerei GmbH, Passau

# Vorwort

Gibt es heute noch ein typisches Brauchtum für den Herbst? Diese Frage wird mancher Leser recht schnell mit Ja beantworten, denkt er dabei an das Erntedankfest. Vielerorts sind die Bräuche des Erntedankfestes auf das Kirchweihfest übergegangen. Es wird nicht wie das Erntedankfest am ersten Sonntag im Oktober, sondern meist am dritten Oktober-Sonntag gefeiert. Dieser Tag gilt als endgültiger Abschluß der Feldarbeit.

Für die Bergbauern ist der Almabtrieb das große herbstliche Ereignis. Traditionsgemäß findet es am 16. Oktober, am Tag des heiligen Gallus statt. Das Vieh wird an diesem Tag bunt geschmückt von den Almen in die heimatlichen Ställe zurückgeführt.

Der Martinstag am 11. November ist das Fest des Gänsebratens und der Kinderumzüge mit Laternen. Es ist der eigentliche Abschluß des Herbstes und der Winteranfang im bäuerlichen Jahreslauf.

Sicher sind manchem Leser noch andere herbstliche Bräuche bekannt, die aus Erzählungen und Erlebnissen gegenwärtig sind, aber leider nicht mehr gepflegt werden. Oder aber sie sind ihrem ursprünglichen Sinn soweit entfremdet und werden so vermarktet, daß es sich kaum lohnt, sie zu besuchen.

Dennoch soll mit diesem Buch versucht werden, an alte Herbstbräuche zu erinnern und sie so zu beleben, daß sie mit ihrem jahreszeitlich geprägten Blumenschmuck Einzug in die häusliche Umgebung nehmen können. Daneben sollen sie inspirieren und Anlaß sein für ein gemütliches Zusammensein im Kreis der Familie, mit Bekannten und Freunden.

Die Anregungen und Anleitungen sind so einfach wie möglich beschrieben, so daß es auch Anfängern in der Floristik gelingt, gestalterische Erfolge zu erzielen. Es geht auch nicht darum, volkstümliche Gebindeformen zu perfektionieren, sondern sie sollen in ihrer ursprünglichen Einfachheit erhalten bleiben.

Dabei sind die pflanzlichen Gestaltungsmittel, die technischen Hilfsmittel, die Gefäße und Bänder dem heutigen Zeitgeschmack entsprechend ausgewählt, so daß die Beschaffung nicht allzu schwierig ist. Die beschriebenen Themenarbeiten mögen Mut zur eigenen Kreativität machen. Dabei kommt es mehr auf die Lust und die Freude an, die Anregungen zu den abgebildeten Vorschlägen aufzugreifen, weiterzuentwickeln und mit den eigenen schlummernden Talenten zu erfüllen, als die Beispiele exakt nachzuarbeiten.

Bedanken möchte ich mich bei vielen Leuten, die sich aus Freude an der Sache haben anstecken lassen und mir behilflich waren bei der Anfertigung floristischer Gebinde und dem Bereitstellen von Fotos.

Schließlich danke ich besonders meinem Mann und meinem Sohn für ihre unermüdliche Begleitung zu zahlreichen Herbstfesten, ihre Hilfe beim Umsetzen meiner flüchtigen Skizzen in zeichnerische Vorlagen für den Graphiker und bei den Schreibarbeiten, die aus meinen handgeschriebenen Aufzeichnungen ein lesbares Manuskript entstehen ließen.

Möge der Funke der Begeisterung für altes Brauchtum auf viele Menschen übergehen, damit die Freuden des Herbstes mit dem Dank an die Natur in uns lebendig bleiben.

Frauke Stobbe-Rosenstock
im Sommer 1995

# Inhaltsverzeichnis

# Der Herbst kündigt sich an

## Altweibersommer

Metereologisch gesehen, wird mit Altweibersommer der Zeitraum im Spätsommer bezeichnet, meistens ist es der Monat September, der sich durch heiteres Wetter und warme Temperaturen hervorhebt. In Amerika wird diese Periode auch Indianersommer genannt, während sich in unseren Breiten Bezeichnungen wie Fliegender Sommer, Flugsommer, Frauensommer, Marienfäden, Sommerfäden, Herbstfäden und Mariengarn eingebürgert haben. Wie diese Namen schon sagen, ist diese Zeit von in der Luft schwebenden, silbriggrauen Fäden geprägt, die von kleinen Jungspinnen herrühren. Diese Spinnfäden, die im Tau so schön glitzern, wurden im Volksglauben gern mit Frauenhaar verglichen. In der nordischen Mythologie hingegen sind sie Symbol für die verschlungenen Schicksalsfäden der Menschen, die von den germanischen Schicksalsgöttinnen, den Nornen, geknüpft wurden.

Der Altweibersommer ist die Zeit des Umbruchs, der Umstellung vom Sommer auf den Herbst. Die Luft ist sauberer und staubfreier. Die Sonne ermöglicht mit ihren goldenen Strahlen den Pflanzen nicht nur eine vermehrte Zucker- und Stärkebildung, sondern vor allem ein endgültiges Reifen und Aromatisieren ihrer Früchte. Meist ist diesen strahlend schönen und nochmals sommerlich warmen Tagen schon eine recht kühle, herbstlich wirkende und nasse Periode vorangegangen.

Nicht zuletzt verdankt der Altweibersommer seinen Namen den vielen älteren »Weibern«, die natürlich gerade jetzt alle Hände voll zu tun haben mit Ernten, Sammeln, Konservieren und Einkochen des reifen Obstes.

## Mariä Himmelfahrt – Tag der Kräuterweihe

Der uralte Brauch, gesammelte Kräuter zu Buschen zusammenzubinden und in der Kirche segnen zu lassen, wird nur noch vereinzelt im süddeutschen Raum und in der Schweiz gepflegt. Die Kräutersträuße werden nach der Weihe zum Schutz von Hof und Haus gegen Blitz und andere Unbilden dort aufbewahrt oder an die Stalltüre gehängt.

Seit Jahrhunderten gilt der 15. August oder aber auch der darauffolgende Sonntag als Kräuterweihetag. Die ebenfalls für dieses Fest üblichen Namen wie »Maria

**Ein frischer Kräuterstrauß ist auch ohne bunte Blüten dekorativ und er duftet, während er, am Regalbrett aufgehängt, trocknet.**

**Geschmückter Wagen für das Heideblütenfest in der Lüneburger Heide.**

Würzweih«, »Großer Büschelfrauentag« oder »Maria in der Ernte« zeigen deutlich die enge Verbindung zu dem katholischen Festtag »Mariä Himmelfahrt«.

Regional sehr unterschiedlich fielen die Kräuterweihesträuße damals aus. Nach überlieferten Regeln mußten bestimmte Kräuter eingebunden sein, um die Voraussetzung für die Wunderwirkung zu schaffen. Fast immer waren Kamille, Pfefferminze, Wermut, Schafgarbe, Liebstöckel, Salbei und Königskerze dabei. Oft reichten schon sieben oder neun eingebundene Kräuter aus.

Ganz anders sollen die Bestimmungen im Rheinland gewesen sein, wo es 33, nach einer anderen Überlieferung sogar 77 verschiedene Kräuter sein mußten, um einen »Würzwisch« zu binden. Diese Üppigkeit wird teilweise durch beigefügte Gartenblumen erreicht. Vielleicht erhoffte man sich von einer so großen Artenvielfalt eine ebenso große Schutzkraft aus den Kräuterbüscheln.

## Ein Kräutersträußchen für den Hausgebrauch

Einen Kräuterwisch zu binden, ist recht einfach, da viele Kräuterarten sehr buschig und füllig wachsen. Man braucht sie nur in kleinen Gruppen zusammenzufassen und dicht aneinanderzufügen, bis ein dikker, in den Außenpartien abgerundeter Strauß entsteht. Bindfaden, Bast oder Kordel werden mehrmals über der haltenden Hand um die Stengel gewickelt und verknotet. Auch ein Gummiring ist als erste Bindemaßnahme brauchbar, wenn man um die Bindestelle als besonderen Schmuck zusätzlich ein Schleifenband schlingen möchte.

Um dem selbstgemachten Kräuterwisch einen geeigneten Rahmen zu geben, hängt man ihn am besten in der Küche in Verbindung mit ein paar Küchengeräten auf. Das Ganze sieht sehr reizvoll aus und selbst im vertrockneten Zustand verliert das Kräutersträußchen nicht an Charme und Duft.

## Heideblütenfest

Am letzten Wochenende im August, wenn das rotviolette Heidekraut *(Calluna vulgaris)* in voller Blüte steht, feiern einige Orte in der Lüneburger Heide das Heideblütenfest. Dabei ist die Tradition noch recht jung, denn in Schneverdingen wurde erst 1932 die erste Heidekönigin gekrönt.

Inzwischen haben sich die Heideblütenfeste zu einer wahren Touristenattraktion entwickelt. Nicht selten zieht es bis zu 50000 Besucher in Orte nahe dem Naturschutzpark Lüneburger Heide, um »die Krönung ihrer Majestät« mitzuerleben. Im gewöhnlichen Jahrmarkttrubel mit Schnellimbißständen gelten heimische Spezialitäten wie der berühmte Heidehonig und die Heidschnuckenwurst aber immerhin als Besonderheit.

Höhepunkt des Festes ist und bleibt die Ablösung der alten Heidekönigin durch die neue.

Dabei fährt die Vorjahreskönigin auf einem mit Heidekraut geschmückten Wagen. Als Zeichen ihrer Würde trägt sie einen purpurroten Samtmantel und auf dem Kopf eine Krone aus blühendem Heidekraut. Sie wird begleitet von ihren Hofdamen auf ideenreich geschmückten Korsowagen und von Tanzgruppen, Spielmannszügen und Dorfmusikanten. Nach dem Königinnenwechsel übernimmt die neue Königin für ein Jahr die Repräsentationsaufgaben bei Empfängen, Messen und Ausstellungen zur Touristenwerbung. Am Abend ihres Krönungstages eröffnet sie den großen Festball.

## Erntedankschale mit Heidekraut

Das Heidekraut der Lüneburger Heide ist geschützt, ebenso wie die Silberdistel, heimisch in Bergregionen. Beide Pflanzenarten sind in der Schale enthalten. Dabei handelt es sich aber um die züchterischen Kulturformen und sie können uneingeschränkt verwendet werden. Die Schale ist eine Kombination aus gepflanzten, gelegten und gesteckten pflanzlichen Materialien. Sie ist als Blickfang auf dem Balkon oder der Terrasse ebenso geeignet wie auf einer Kommode, als Dielenschmuck oder in jeder rustikalen Wohnungseinrichtung.

### Material

- Braunlasierte Keramikschale, 30 cm Durchmesser, Schalenhöhe 8–10 cm.
- 1–2 Pflanzen leicht erblühtes Heidekraut *(Calluna vulgaris)*
- 3–5 getrocknete Silberdistelblüten *(Carlina acaulis)* aus gärtnerischem Anbau
- 7–10 Stiele getrocknete gelbe Schafgarbe *(Achillea filipendulina)*
- 1 m bläulich violettes Juteband
- 1 sattgelber Zierkürbis
- 2 Bündel Weizenähren
- 2 Bündel Getreidehalme
- Folie für die Ballen des Heidekrauts
- 1 Ziegel Trockensteckmasse
- Zierdraht
- einige Handvoll Stroh oder Heu als Füllmaterial

### Anleitung

Zuerst wird die Trockensteckmasse quer in die Schale eingepaßt. Die Zwischenräume bis zum Schalenrand werden mit Stroh oder Heu ausgefüllt. Wenn beides nicht vorhanden ist, ist geknülltes Papier oder Holzwolle ein Ersatz. Danach werden die

**Erntedankschale mit Heidekraut, Ähren und Silberdisteln. Arbeit Zobel, Braunschweig.**

**Der Honigrahmen, Wandschmuck mit Herbstmotiven. Beschreibung rechts.**

Pflanzen fest mit ihren Ballen aneinandergedrückt und mit der Folie ummantelt, damit vor allem beim Gießen keine Feuchtigkeit an die Trockenblumen gelangt. Sind die Pflanzen zwischen Steckmasse und Schalenrand in der Schale festgesetzt, wird die Schafgarbe ganz kurz geschnitten und als kleine gelbe Flächen in der Steckmasse festgesteckt. Danach schlingt man das Band in leicht gedrehten Windungen um und über den Schalenrand und läßt die Enden in der Gestaltung zwischen den Trockenblumen verschwinden.

Die Silberdisteln sind mit Vorsicht anzufassen, weil sie pieksen. Doch ihre Ausstrahlung ist so sauber und klar, daß man nicht auf sie verzichten sollte. Sie werden einzeln oder paarweise, je nach Größe, in die Außenpartien der Schale gesetzt. Der Zierkürbis wird unverdeckt zur Wirkung gebracht und letzten Pfiff bringen die kurzen Ährenbündel, die senkrecht angeordnet werden im Gegensatz zu den quer gelegten Getreidehalmen. Sie müssen zuvor mit farbig passendem Garn oder mit Zierdraht umwickelt werden.

Sollte das eine oder andere Pflanzenteil zu tief in die Schale rutschen, unterlegt man es mit Füllmaterial. Das Heidekraut wird durch die Folie um den Wurzelballen nicht so schnell austrocknen wie in einem Blumentopf, aber dennoch ist es zu beobachten, denn Ballentrockenheit verträgt es nicht.

## Der Honigrahmen

Die Zeit der Heideblüte lockt im August täglich viele Besucher an, aber auch ein Heer von Bienen, die für den echten »Heideblütenhonig« sorgen.

Ein ausrangierter Bienenwabenrahmen gibt Impulse für den dekorativen Wandschmuck. Der Rahmen ist 35 cm lang und 22 cm breit. Diese Maße sind ein Richtmaß, um beim Binden der kleinen Ährenkränze die richtige Kranzgröße einschätzen zu können. Die Kränze haben nur einen Durchmesser von 15 cm.

Beide Kränze sind an einem breiteren dunkel-mintgrünen Band und mit einer einfachen Schlaufe um den Kranzkörper aufgehängt. Wenig Klebstoff festigt die Schlaufe an der Rückseite und das Band oben am Holzrahmen. Über diese Schlaufen sind dünnere Bänder ähnlicher Farbrichtung locker geknotet, so daß die zwei Bandenden lang über die Kränze hinaus nach unten hängen. Kleine handgeformte Tonscheiben mit Löchern in der Mitte bilden den Bandabschluß.

Lorbeerblätter, eine Feder, ein Wacholderzweig mit reichlichem Fruchtansatz, ein gebündeltes Roggenährensträußchen und die orangefarbenen Physalisfruchtformen ergänzen die herbstliche Studie. Die Orangenscheiben sind als Strukturkontrast zu den Waben mit in die Gestaltung eingefügt, zumal sie farblich ebenfalls gut in die Vorgabe passen.

Der Heißkleber kann nicht im direkten Kontakt mit den Waben verwendet werden, denn die Hitze läßt das Wachs schmelzen. Daher sind die meisten Gestaltungsmittel an dünnem Zierdraht aufgehängt und oben auf der Kastenleiste mit einem Tropfen Schnellkleber befestigt.

# Erntefeste haben viele Namen

## Vergodendeelsdag im Lüneburgischen

Ungemäht zurückgelassene Roggenhalme auf dem Feld bezeichnete man früher als »Vergodendeel«. Frei übersetzt könnte das vielleicht »Frau Godes Anteil« heißen. Der Brauch, Ähren auf dem Feld stehen zu lassen, geht auf die vorchristliche Zeit zurück, als man noch an Kornopfer für die Erntegottheiten glaubte und versuchte, sie mit den bewußt stehengelassenen Getreidehalmen auf dem Feld gnädig zu stimmen und eine gute Ernte für die Folgejahre zu erbitten.

In Schnega, einem kleinen Ort nahe der Altmark, pflegt die Arbeitsgemeinschaft »Vörgodendeelsdag« seit über 15 Jahren das Brauchtum. Allerdings hat man sich für eine andere Schreibweise entschieden, statt »Vergodendeelsdag« heißt das Fest dort »Vörgodendeelsdag«.

In Schnega wird der Roggen bei dem Erntefest nach alter Tradition mit der Gestellsense abgemäht, gebunden zu Garben und in Stiegen aufgestellt. Dabei tragen die Schnitter die auch früher übliche Erntetracht als Arbeitskleidung, bestehend aus schwarzer Hose, weißem Leinenhemd, Halstuch und Strohhut. Die Binderinnen tragen Leinenhemd, Leinenschürze und Flügelhut, auch Fluster- oder Plusterhut genannt.

Eine Vesper der fleißigen Mäher und Binderinnen auf dem Stoppelfeld gehören

Vesperpause der Schnitter bei der Roggenernte.

**Die Sichel aus den Kindheitstagen. Arbeit Beate Hauptmann, Hannover.**

ebenso dazu wie das Binden der Erntekrone Tage vorher. Den Umzug durch das Dorf mit Kuhgespann und Musikgruppen und die Wahl der Erntekönigin sieht man in der Dorfgemeinschaft als Referenz an die heutige Zeit an.

## Sichelhenke im Süddeutschen

In Süddeutschland bezeichnet man das Erntefest als »Sichelhenke«. Der Grund für die Namensgebung ist ganz einfach nachzuvollziehen. Sicheln und Sensen werden nach der Ernte nicht mehr gebraucht und darum bis zum nächsten Jahr an einer sicheren Stelle aufgehängt. Als Dank für die geleistete Arbeit erhielten, wie bei anderen Festen rund um die Erntezeit, die Schnitter, Binderinnen und Helfer ausreichend zu essen und zu trinken. Am Abend kam natürlich das gesellige Beisammensein mit Musik und Tanz nicht zu kurz.

Die alte Sichel mit Getreideähren und Bandschmuck versehen und aufgehängt, paßt gut in die herbstliche Jahreszeit als Attribut der Ernte.

## Hammeltanz und Hahnentanz

Der Hammeltanz ist der Höhepunkt beim Erntefest im württembergischen Crailsheim. Es handelt sich dabei um ein Tanzspiel, das meistens im Saal der Dorfschenke stattfindet und bei dem als Preis ein Hammel ausgesetzt ist. Die Paare tanzen um eine brennende Kerze im Kreis. Während ein Säbel von Tänzer zu Tänzer weitergereicht wird, beobachten alle gespannt die Kerze, in die ein Geldstück eingeschmolzen ist. Ist die Kerze so weit heruntergebrannt, daß das in ihr versteckte Geldstück herausfällt, wird der Hammel dem Paar zuerkannt, das gerade den Säbel in den Händen hält. Beim anschließenden Festschmaus wird der gebratene Hammel dann gemeinsam verzehrt.

Nach den anstrengenden Erntemonaten wurde vielerorts ausgelassen gefeiert. Tanz und Wettspiele als Belustigung der Dorfjugend bestimmten die Erntefeste.

In Baden gab es bei Musik und Tanz in der Scheune einen lebenden Hahn zu gewinnen, der inmitten der Tanzfläche auf einer Stange im Käfig saß. Daran befestigt war ein wackliges Gestell mit einem Glas Wasser. Kam ein Paar während des Tanzes unter das Glas, so hob das Mädchen den Burschen so hoch, daß dieser mit dem Kopf das gefüllte Gefäß umstoßen konnte.

Doch den Hahn konnte das Paar erst sein eigen nennen, wenn diese feuchtfröhliche Aktion dreimal gelungen war. Anschließend wurde der Hahn geschlachtet, zubereitet und verzehrt. Allerdings ist anzunehmen, daß zu diesem Anlaß bereits Wochen vorher mehrere Hähne tüchtig gemästet wurden, damit auch alle Beteiligten satt werden konnten, denn ausgiebiges Essen und Trinken war der Dank des Bauern an seine Knechte und Helfer für die Einbringung der Ernte.

## Der Hahn als Symboltier

Der Hahn als Künder des Lebens und des Lichtes ist fest mit dem Bauerntum und den Erntebräuchen verbunden. Auch als Wetterprophet hat er seine Bedeutung, da man in seinem gezackten Kamm im übertragenen Sinn Gewitterblitze vermutete. Diese aber galt es während der Erntezeit abzuwenden, denn Unwetter mit Blitz und Donner konnten den Lohn der Jahresarbeit zunichte machen. Der Turmhahn auf vielen Kirchen erinnert noch daran. Mancherorts glaubte man, durch Hahnenopfer die Wetterunbilden vertreiben zu können.

Der Hahn war auch ein Wachstumssymbol. In manchen Gegenden war es daher Brauch, einen Hahn auf dem Feld zu töten, um mit seinem Blut dem Boden neue Wuchskraft zu geben.

Im Zusammenhang damit gab es auch eine andere Art von Wettspielen mit gutem Ausgang. Spiele wie »Hahn haschen«, »Hahn schlagen« oder »Hahnenreiten« legen Zeugnis dafür ab.

Man glaubte auch, durch das Verspeisen des Federviehs die starke Fruchtbarkeit auf sich selbst übertragen zu können. Aber nicht überall nahm der Hahn ein blutiges Ende. In Lippstadt bekam der Hofhahn die erste Garbe aus der Kornernte vorgeworfen als Dank für den fruchtbringenden Segen.

Längst ist das lebendige Opfertier durch einen meist buntbemalten Holz- oder Papphahn ersetzt worden. Geschmückt mit bunten Eierketten und Bändern prangt er als Erntehahn beim Einbringen des letzten Fuders hoch oben auf einer Stange. Anschließend wird er an das Scheunendach genagelt und kann nun bis zum nächsten Jahr Wache halten.

In Anlehnung an die alten Traditionen hat auch die Industrie im Zuge der Einrichtungswelle im edlen Landhausstil den Hahn als dekorativen Vermittler von bäuerlichem Ambiente entdeckt und bietet ihn in unterschiedlichsten Ausführungen an. Nicht nur für die Osterzeit hat er symbolischen Wert, sondern auch im Herbst ist er in vielen Dekorationen als Symbolträger zu finden. Ob mit Federkleid recht lebensecht nachempfunden oder als Stekken aus Holz oder Metall in stilisierter Form gesägt und gestanzt, der Hahn hat inzwischen eine wahre Renaissance erfahren.

**Hahnenstecken mit einem Gräserkranz, Lampionfrüchten und bunten Bändern.**
**Anleitung nächste Seite.**

## Hahnenstecken

Hier wird ein Hahnenstecken beschrieben, der recht einfach und ohne viel Zeitaufwand herzustellen ist, wenn man sich entschließt, einen fertigen Hahn zu kaufen. Wer aber über künstlerisches Talent verfügt, hat sicher keine Probleme, einen eigenen Hahn zu kreieren, sei es aus Pappe, Holz oder Metall, der dann zum Familienhahn wird.

Ist die Entscheidung gefallen, läßt sich jeder Hahn noch individuell gestalten durch Bänderschmuck, angeklebte Schwanzfedern oder zusätzliche Farbgebung. Als Stecken oder Stab kann ein gerader Ast von einem Baum, ein stärkerer

Zweig von einem Strauch oder auch ein Stengel vom Riesenbärenklau *(Heracleum mantegazzianum)* dienen. Aber auch ein gekauftes Rundholz oder ein Bambusstab ist denkbar. Ein weiterer, kürzerer Stab wird als Querholz benötigt.

**Material**

- 2 Stäbe, Durchmesser und Länge richten sich nach der Größe des Hahnes. In der Abbildung ist der Hahn von den Füßen bis zum Kopf 50 cm groß, der senkrechte Stab mißt 90 cm 2,5 cm Durchmesser, der Querstab mißt 40 cm
- Korb, etwa 30 cm hoch, 20–25 cm Durchmesser
- Hahn
- Getreide, Gräser und Heu
- Draht- oder Weidenreifen, 40 cm Durchmesser
- Wickeldraht, Zierdraht (Bouillondraht), Steckdrähte
- Bänder
- Zieräpfel, Lampionfrüchte, Ahornschoten
- 1 Ziegel Trockensteckmasse
- Heißkleber

**Anleitung**

Aus den Stäben wird ein Kreuz gebaut. Dabei wird der Querstab mit einer Drahtwicklung im oberen Drittel des senkrechten Stabes befestigt. Das untere Stabende findet Halt in dem fest eingepaßten Trokkensteckschaum im Korb. Heißkleber um den eingeschobenen Stab sorgt für sicheren Halt.

Der Hahn wird mit Steckdrähten und Heißklebstoff an der Spitze des Stabes befestigt. Getreidereste, Gräserbüschel, getrocknete Blätter und ein schräg gelegtes, mit Bouillondraht umwickeltes Weizenbündel verdecken die Trockensteckmasse in dem Korbgefäß. Nun wird ein Gräserkranz gebunden. Dazu dient ein Reif aus festem Material. Die Bindetechnik ist dieselbe wie beim Erntekranz (Seite 18), nur die Zutaten unterscheiden sich.

Bei einem Reifendurchmesser von 40 cm soll der äußere Kranzdurchmesser etwa 50 cm, der Innendurchmesser etwa 30 cm betragen. Es kommt dabei nicht genau auf den Zentimeter an, die Maße sollen nur als Richtschnur gelten, damit eine gute, ausgewogene Kranzproportion entsteht.

Wie beim Erntekranz wird zuerst ein dünner Wulst aus Heu von ein paar Zentimetern Durchmesser auf den Reifen gebunden. Ist der Kranz fertig, wird er mittig vor das Stabkreuz gehängt. Von der Rückseite sichern Steckdrähte, die durch den Kranzwulst geschoben und dann um die Stäbe verdreht werden, die Aufhängung.

Schmale, verschieden farbige Bänder in gedämpften Farbtönen hängen in ungleicher Länge über der Kranzöffnung, und Lampionfrüchte schließen teilweise die Bandenden ab. Eine Kette mit aufgereihten Zieräpfeln und die Ahornschoten sind Zeugen der herbstlichen Jahreszeit und ein formal interessanter Schmuck aus der Natur.

Der Hahnenstecken wird seine Wirkung nicht verfehlen und die Blicke auf sich ziehen, gleich, ob er in einer modernen oder in einer rustikalen Wohnungseinrichtung zu Ehren kommt.

Wird er nach der Herbstzeit gut verpackt, läßt er sich mit wenigen Handgriffen für die Osterzeit umgestalten: Frühlingsprimeln und Osterglocken in Töpfen werden anstelle des Herbstlaubs in das Heu-Stroh-Gemisch im Korb gestellt. Statt der Zierapfelkette werden aufgefädelte Ostereier aufgehängt und der Bandschmuck wird gegen Bänder in Gelb, Orange und Weiß ausgetauscht.

# Erntedank

## Erntedank ist eine uralte Sitte

Die Sitte des Erntedanks kann man in fast allen Kulturen von der Antike bis zur Neuzeit antreffen. Immer wurde den Göttern für den Ertrag der Felder gedankt und um eine gute Ernte im kommenden Jahr gebeten. Schließlich stand und fiel ja die Überlebenschance der Menschen während der kalten Wintermonate mit einer guten Ernte im Herbst.

So dankten schon die Griechen Demeter, der Göttin des Ackerbaus, mit einer Opferschau. Auch die Römer huldigten jeden Herbst ihrer Fruchtbarkeitsgöttin Ceres mit einem großen Fest. Von den Germanen stammt der Brauch, am Ende jeder Ernte die letzte Garbe als Dank auf dem Feld zurückzulassen.

## Erntedankfest am Sonntag nach Michaelis

Für viele Menschen hat das Erntedankfest in seinem eigentlichen Sinngehalt heute kaum noch die Bedeutung, die es für unsere Vorfahren hatte. Wer macht sich heute noch Gedanken über Wetterunbilden der Sommermonate im Hinblick auf die Getreideernte, wenn man im Winter beim Bäcker Brot kauft. Das Angebot ist reichhaltig und abwechslungsreich. Woher das Getreide eigentlich kommt, ist vielen Leuten gleichgültig. Bei Obst und Gemüse ist das immerwährende Angebot durch Importe aus aller Welt jahreszeitlich so untypisch geworden, daß man sich kaum noch richtig auf frische Erdbeeren, Tomaten und Äpfel zur eigentlichen Erntezeit freuen kann. Empfinden wir dafür aber Dank, daß fast alles Eßbare zu jeder Jahreszeit zu erhalten ist? Sicher kaum.

Als satte Mitteleuropäer haben wir fast vergessen, daß das Überleben vor noch gar nicht allzu langer Zeit von einer guten Ernte abhängig war. Das Wetter war unberechenbar, Wachstum und Gedeihen unterlagen weitgehend den Witterungsverhältnissen. Man orientierte sich an Bauernregeln, hörte auf Weissagungen, glaubte an Götter und Dämonen und tat letztendlich alles, um die Gnade der übermächtigen Kräfte zu erbitten. Wenn das letzte Fuder Getreide dann trocken eingefahren war, löste sich die Spannung in fröhlicher Stimmung mit anschließendem, großen Erntefest.

**Erntekrone vor dem Altar der Evang. Pfarr-Kirche in Velden, Franken.**

Schon die mittelalterliche Kirche segnete um den Michaelistag, dem 29. September, die Feldfrüchte in einer Opfermesse. In der Reformationszeit fanden Danksagungen für die Ernte statt, ohne jedoch einen festgelegten Sonntag dafür über Jahre hinaus festgeschrieben zu haben.

Seit Mitte des 18. Jahrhunderts wird in Deutschland der erste Sonntag nach Michaelis offiziell als kirchliches Erntedankfest gefeiert. Friedrich der Große setzte diesen Termin fest. Allmählich verbreitete sich dann die preußische Verfügung im ganzen Land und so hat es sich eingebürgert, daß Anfang Oktober dieses traditionsreiche weitverbreitete Fest alljährlich begangen wird.

Aus diesem Anlaß werden die Altäre in den Kirchen reich mit Blumen, Getreidegarben, Broten, Obst und Gemüsen geschmückt. Wie zu früheren Zeiten wird auch heute noch in vielen Kirchen eine Erntekrone aufgehängt, die oft von den Landfrauen, der Landjugend oder den Landsmannschaften gebunden wird. Die Landsmannschaften östlicher Gebiete zaubern wahre Kunstwerke aus Getreide zu imposanten Erntekronen.

Im feierlichen Gottesdienst dankt die Gemeinde traditionsgemäß für die reiche Ernte des letzten Jahres. Alle gespendeten Altargaben werden anschließend wohltätigen Einrichtungen zugeführt.

## Die Erntekrone als Symbol

Die Krone ist äußeres Zeichen von Herrscherwürde und Adelrang. Das Wort entstand aus dem lateinischen »corona«, das sowohl Kranz wie Krone bedeutet.

Die Urform der Bügelkrone besteht aus zwei oder mehreren Bügeln, die sich über dem Mittelpunkt des Kranzes kreuzen. Die Krone gilt als Sinnbild des schützenden Daches über das Reich der Lebenden und Toten.

Bei der Erntekrone werden die Bügel als Himmelsbögen empfunden, die fest mit dem Erdenkranz verbunden sind. Dabei streben die aufgebundenen Ähren dem Himmel zu. Oft ist die Frucht aber so überreif und schwer, daß sie sich nach unten dem Boden entgegenneigt als Zeichen des Dankes und der Ehrfurcht vor der Mutter Erde. Die Krone ist sinnbildlich Höhepunkt und Krönung des erhaltenen Erntesegens nach der langen Feldarbeit.

Meist wurde das kostbare Gebilde in der Diele der Herrschaft aufgehängt und bis zum nächsten Jahr aufbewahrt. Symbolisch fühlten sich unter dem alles behütenden Himmelsgewölbe die Bauernfamilie, Knechte, Mägde, Haus und Hof, Vieh, aber auch die neue Saat auf dem Feld gut beschützt und in sicherer Obhut.

## Vom Erntekranz zur Erntekrone

Die Einfuhr der letzten Garbe kündete früher vom Ende der Getreideernte. Schon zuvor hatten die Schnitterinnen aus den verschiedenen Getreidearten den Erntekranz und nicht selten auch eine Erntekrone gebunden.

Je nach regionalen Gepflogenheiten und natürlich auch nach Geschick und Geschmack der Binderinnen entstanden teilweise richtige Kunstwerke, die zusätzlich mit bunten Bändern, dem Erntehahn oder mit Feldblumen und Früchten geschmückt wurden. Dabei fand alles Verwendung, was der Herbst in seinem farbenprächtigen Angebot hervorbringt. Aufgereihte Hagebuttenketten, Tuffs von Vogel- und Holunderbeeren, Laubblätter, Buchsbaumtriebe, zusammen mit dem letzten Flor der typischen Feldflora wie Kornblumen, Margeriten, Kamille und Klatschmohn mit seinen Mohnkapseln. In der Lüneburger Heide ergänzte Heidekraut *(Calluna vulgaris)* mit seinen mattlila Blüten das Goldgelb der Getreideähren.

Ähnlich liebevoll wurden Gesinde, Tiere, alle Gerätschaften und auch der Akkerwagen zur Heimkehr mit Blumen und Früchten, Gemüsen und Ähren geschmückt. Nach Ankunft des letzten Fuders überreichte meist die Großmagd oder der Großknecht dem Bauern und seiner Frau feierlich den Erntekranz als Dank für das abgeschlossene Erntejahr.

Als Gegengabe spendete die Herrschaft allen an der Ernte beteiligten Arbeitskräften den Erntetrunk und zum abendlichen Fest den Ernteschmaus.

Symbolisch gesehen drückt der Erntekranz einen Dank an die himmlischen Mächte aus für das gute Erntejahr. Der Dank enthält zugleich den Wunsch und die Hoffnung auf eine reiche Ernte im nächsten Jahr.

Den Kränzen maß man auch magische Kraft bei, das Hab und Gut das Jahr über vor bösen Geistern zu schützen, wenn die Kränze an Haus- oder Stalltüren genagelt wurden.

## Der Erntekranz

Die Erntekrone ist zweifellos auch vom floristischen Können her die Krönung des Erntedankfestes. Doch für weniger Geübte sei zunächst die Anfertigung eines Erntekranzes empfohlen. Der Aufwand ist nicht zu groß und der Kranz ist ein guter Einstieg in die Brauchtumsbinderei.

Bevor man mit dem Binden eines Erntekranzes beginnt, sollte man sich überlegen, ob der Kranz später frei an der Decke hängend, als Tischschmuck liegend oder als Wandschmuck verwendet werden soll. Die Überlegung hat Einfluß auf die Formgebung des Kranzprofils. Wird der Kranz aufgehängt, muß das Getreide rund herum auf einen dünnen Ring oder Strohwulst aufgebunden werden. Das dreiviertelrunde Profil ist ausreichend für den Tischkranz und ein halbrundes Profil ist zweckmäßig für den Wandkranz.

Bei allen Kranzvarianten ist es wichtig, daß ein gutes Verhältnis zwischen dem Kranzkörper und dem Loch in der Mitte entsteht. Fachlich ausgedrückt, heißt das:

Kranzkörperbreite und Kranzöffnung stehen im Verhältnis 1:2 und bei großen Kränzen bis 1:3, wie die Zeichnung Seite 18 zeigt. Für das »richtige« Aussehen eines Erntekranzes gibt es keine verbindlichen Regeln. Es ist wie bei jeder Handarbeit: das Ergebnis orientiert sich an der eigenen Kreativität, am Fingerspitzengefühl und an der Fähigkeit, das zur Verfügung stehende Getreide exakt und regelmäßig in guten Proportionen zu einem kreisrunden Kranz zu vereinen.

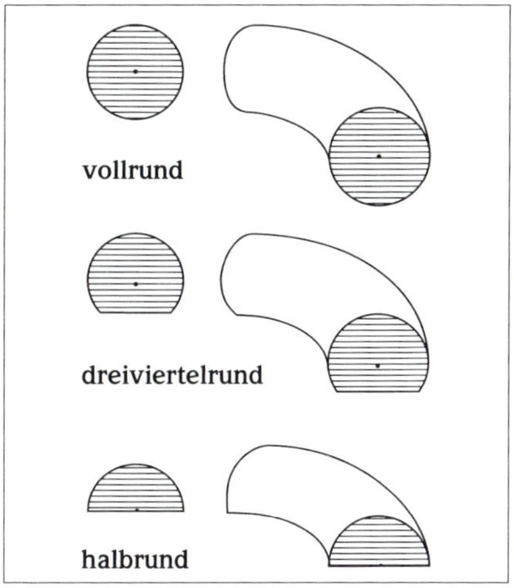


**Kranzprofile.**

**Die Erntekrone erfordert floristische Geschicklichkeit.**

ausgewogenes Verhältnis

Kranzkörper zu dick, Innenraum zu klein

Kranzkörper zu dünn, Innenraum zu groß

Kranzproportionen.

## Material

- Rundeisenring, Weidenreifen oder gewellter Drahtreifen, 25–40 cm Durchmesser
- 1 Rolle Wickeldraht, 0,65 mm stark
- Stroh oder getrocknetes Waldmoos
- Hunderte von Getreideähren mit Halm, auf 10–20 cm geschnitten
- Haferrispen sind zu empfehlen, weil sie gut füllen, ansonsten ist jede Getreideart zu verwenden, auch Mais, getrockneter Raps und Lein.

## Anleitung

Der Wickeldraht wird an dem Reifenrohling befestigt. Moos und Stroh wird so um den Reifen herumgelegt, daß ein 2–3 cm starker Wulst entsteht. Großzügige Drahtumwicklungen halten das Material auf dem Reifen fest. Bei dieser Technik spart man Getreide, und der Kranz hat an seiner Unterseite einen sauberen Abschluß.

Nun kann das eigentliche Binden beginnen. Die Ähren werden zu kleinen Büscheln in der Hand zusammengenommen und in einer Reihe waagerecht auf den Wulstreifen gelegt. Dabei hält die linke Hand alle Getreideähren fest. Mit der rechten Hand wird der Wickeldraht geführt, und zwar immer von der Kranzmitte ausgehend zur linken Kranzseite über das festzubindende Material hinweg. Dabei ist

Die wichtigsten Getreidearten. Von links nach rechts: Roggen, Weizen, Gerste, Hafer.

der Wickeldraht sanft anzuziehen. Die Halme müssen so fest auf den Wulst gebunden werden, daß sie sich nicht herausziehen lassen. Zur eigenen Überprüfung sollte man ab und zu die »Zupfprobe« machen, denn es wäre doch bedauerlich, wenn der Erntekranz nach einer gewissen Zeit des Nachtrocknens Halme verlieren würde. Damit die trockenen Halme beim Festziehen des Drahtes nicht brechen, ist es nützlich, sie etwas mit Wasser zu besprühen. Die Halme lassen sich dann leichter verarbeiten. Reihe für Reihe werden die Getreidebüschel nahtlos aneinander gesetzt. Dabei verdeckt immer die nachfolgende Reihe die Drahtumwicklungen der vorausgegangenen. Wichtig ist, daß keine Lücke zwischen aufgebundenen Getreidebüscheln entsteht.

Dennoch gibt es beim Binden ein kleines Problem, das sich aber durch einen einfachen Trick verhindern läßt. Die längeren Halme verdicken beim fortlaufenden Binden fast wie von selbst den Strohwulst. Das läßt sich verhindern, indem man je nach Bedarf mit der Gartenschere immer mehrere Halme herausschneidet.

Ist man am Kranzschluß angelangt, heißt es Anfang und Ende möglichst ohne sichtbaren Übergang zu vereinen. Mit etwas Geschick schiebt man ganz vorsichtig Ähren mit besonders kurzem Halm unter den Anfang und führt den Wickeldraht zur Festigung recht behutsam um die Getreidehalme herum, ohne daß er zu sehen ist. Hat man diese Hürde genommen, wird der Draht mit einer Zange abgekniffen und auf der Kranzrückseite in den Wulst gesteckt. Sollte der Kranzschluß nicht ganz exakt gelingen, läßt sich die Stelle mit einer breiten Schleife gut kaschieren.

Wie schon eingangs erwähnt, ist es gleichgültig, ob man die einzelnen Getreidearten untereinander mischt oder ob man sich nur für eine Sorte entscheidet. Oftmals regelt sich diese Überlegung schon im Vorfeld durch die Anzahl der zur Verfügung stehenden Arten. Meistens unterschätzt man, wieviel Getreide selbst für einen relativ kleinen, flach gebundenen Kranz nötig ist.

**Die Ähren werden auf den vorbereiteten Wulst gebunden: Sie werden gegen den Uhrzeigersinn angelegt und von innen nach außen festgebunden.**

Schon ein ungeschmückter Erntekranz besitzt durch seine Schlichtheit einen ganz besonderen Charme. Es ist jedem selbst überlassen, ob er den Getreidekranz noch mit Bändern, Figuren, Früchten oder Blüten dekorieren möchte.

### Anregungen zur Dekoration

**Band** kann einfach nur locker um den Kranzkörper geschlungen werden. Dabei eignen sich Rupfenbänder, Bordüren oder Motivbänder mit Hühnern, Enten und andere. Hauchdünne Seidenbänder sind dagegen zu elegant und stehen im Widerspruch zu dem rustikalen Flair eines Erntekranzes. Bänder können zu Schleifen zusammengenommen werden, doch sollte dabei der »Haarschleifenlook« vermieden werden. Locker fallende Bandschlaufen (Seite 91) wirken ungezwungener und nicht so perfektioniert, sind aber trotzdem dekorativ. Die Bandfarbe ist abhängig vom übrigen Schmuck, aber auch von den Farben und dem Stil des Umfeldes, in dem der Kranz aufgehängt oder hingelegt werden soll.

**Symbole.** Nicht nur der Erntehahn gilt als Symboltier der Fruchtbarkeit; auch Bock, Hase, Mockel (Kuh) und Matz (Hündin) zählen dazu, auch wenn uns das heute gänzlich unbekannt ist. Ein Hahn auf dem Erntekranz knüpft gedanklich am ehesten die Verbindung zum Bauerntum, zumal der Hahn auch wegen seiner Wachsamkeit und nicht nur wegen seiner Fruchtbarkeit einen besonderen Stellenwert im bäuerlichen Leben hat.

**Getrocknete Blüten und Früchte** sind traditionelle Schmuckmittel eines Erntekranzes. Auf frische Blüten sollte man wegen der kurzen Haltbarkeit verzichten, ebenso auf Obstarten wie Pflaumen, Äpfel oder Birnen. Nach relativ kurzer Zeit beginnen sie zu faulen und müssen ständig kontrolliert werden, bevor sie herunterfallen und auf dem Boden Flecken hinterlassen. Inzwischen gibt es verblüffend echt aussehende Seidenblüten und Kunstfrüchte, die sich durchaus verwenden lassen. Neuerdings bietet der Handel gefriergetrocknetes Obst und Gemüse an, das in einem Spezialverfahren dauerhaft präpariert wurde, aber an der natürlichen Echtheit keinen Zweifel läßt. Das ist eine geeignete Variante, die allerdings auch ihren Preis hat. Preiswerter sind selbst gezogene und getrocknete Blüten und Fruchtstände aus dem Garten wie Statice, Strohblumen, Jungfer im Grünen *(Nigella damascena)* Lampionblumen *(Physalis alkekengi)*, Silberlinge *(Lunaria annua)* oder Achilleen *(Achillea filipendulina)*. Die Liste könnte beliebig verlängert werden.

**Frische Blüten und Obst.** Wer alles Künstliche oder Präparierte ablehnt, aber auf frische Blumen nicht verzichten möchte, hat auch die Möglichkeit, beide Forderungen in Einklang zu bringen: Der schlichte Erntekranz wird auf den Tisch gelegt und in die Kranzöffnung eine wasserdichte Schale in der passenden Größe gestellt. Darin lassen sich nun kurzstielige Blüten dicht an dicht zusammenfügen wie zu einem kleinen Blumenbeet. Frischwasser muß bei dieser Lösung täglich nachgefüllt werden.

Dasselbe Gefäß läßt sich natürlich auch mit heimischen Früchten füllen oder mit Gartengemüse. Auf Exoten sollte man verzichten, weil sonst die Überlieferung bäuerlicher Tradition in Frage gestellt wird. Sehr schön sind Vogel- und Holunderbeeren, Zierkürbisse oder Hagebutten.

Wenn Kleinkinder im Haus sind, dürfen auf keinen Fall Früchte und Beeren verwendet werden, die ungenießbar oder giftig sind.

Man kann den Kranz auch auf ein flaches Tablett oder einen großen Teller legen. Wenn alles zusammen auf einer Unterlage liegt, hat es den Vorteil, daß das Ensemble problemlos von einem Stellplatz zum anderen transportiert werden kann und dabei keine Körner oder Grannen auf der Tischdecke liegen bleiben.

### Gräser statt Ähren

Wer keine Getreideähren auftreiben kann, braucht noch lange nicht auf einen Kranz zu verzichten. Trockene Gräser in großer Vielfalt hält jeder Straßengraben und Bahndamm bereit. Die Bindemethode ist identisch mit der des Erntekranzes, vielleicht ist die Anfertigung noch etwas einfacher, weil das Heu der Gräser ein recht gutes Füllmaterial ergibt. Der Heukranz wird im Endergebnis nicht so klar gegliedert aussehen, wie ein Kranz aus Getreideähren, aber durch seine natürliche Ausstrahlung und durch seinen frischen Heuduft hat er einen besonderen Reiz. Ein solcher Kranz hängt an dem Hahnenstekken Seite 13.

## Strohrömer als Erntekranz

Eine weitere Alternative zum gebundenen Erntekranz aus Getreideähren stellt ein Strohkranz dar. Diese Kränze sind als sogenannte Strohrömer in unterschiedlich großen Durchmessern im Fachgeschäft des Floristen, in den Hobbyabteilungen von Gartencentern oder in Bastelgeschäften zu finden. Die gebräuchlichsten Größen liegen bei 30–80 cm Durchmesser. Damit gelangt man relativ schnell zu einem respektablen Ergebnis, wenn der Schmuck phantasievoll zusammengestellt wird und herbstliche Gestaltungsmittel verwendet werden.

Die ganze Palette herbstlicher Pflanzen, Blätter, Ranken und Früchte sind als unvergänglicher Dauerschmuck aus Papier, Kunststoff oder Seide, teils sehr naturgetreu, im Handel zu finden. Aber viel mehr individuelle Möglichkeiten eröffnen sich, wenn man wachen Auges durch einen nahegelegenen Wald oder durch den eigenen Garten geht und aufsammelt, was die Natur bietet.

Alle Schmuckteile werden mit Steckdraht mittlerer Stärke angedrahtet und in den Strohkranz gesteckt. Das ist sehr einfach, wenn man die Drahtenden auf 5–10 cm einkürzt und sie dabei mit der Zange schräg abkneift. Die Drahtspitzen lassen sich dann recht einfach in den festgebundenen Kranzkörper stecken. Selbstverständlich ist auch die Klebepistole zur Befestigung trockener Gestaltungsmittel einsetzbar. Bei frischen, noch mit Zellsaft gefüllten Pflanzenteilen ist aber das Andrahten die sicherste und haltbarste Befestigungsmethode. Die Vielfalt der Pflanzenteile aus der Natur, die zum Schmuck des Erntekranzes verwendbar sind, ist fast grenzenlos. Einige Beispiele sollen genannt werden:

Kastanien, Eicheln, Bucheckern, Hagebutten, Schwarzerlen, Zieräpfel, Ahornfruchtstände und verschiedene kleine Blätter lassen sich zu Ketten auffädeln oder an dünnem Metalldraht (Zierdraht) andrahten (s. Seite 93). Frische Kastanien sind mit einem Handbohrer, Elektrobohrer, Nagel oder mit einer Packnadel vorzulochen, damit sie aufgefädelt werden können. Mit den Eicheln, die nicht mehr in ihrer Schale sitzen, ist ebenso zu verfahren. Eicheln lösen sich leicht aus ihren Fruchtbechern. Sie sind, wenn sie als Einheit verwendet werden sollen, sicherheitshalber zusammenzukleben. So lassen sich die ganzen Früchte sehr gut zu einer lockeren Kette zusammendrahten.

Größere Laubblätter von Ahorn, Eichen, Platanen, Mehlbeeren und anderen Arten können einfach kurz über dem Blattstielansatz mit U-förmigen Nadeln auf dem Strohkranz festgesteckt werden. Beim Eintrocknen wellt sich das an einer Stelle befestigte Blatt und aus der ursprünglich glatten Fläche dreht sich eine räumlich interessante neue Form zurecht. In diesen kleinen, unberechenbaren Veränderungen

**Die mit Bändern geschmückte Erntekrone wird durch die Stadt getragen.**

durch Einrollen, Schrumpfen und Vergilben liegt der Reiz und Charme aller Naturmaterialien (s. auch Seite 83).

## Das Binden einer Erntekrone

Mutige und im Binden Geübte möchten sich vielleicht an das Binden einer Erntekrone wagen.

Das Drahtgestell gibt es in verschiedenen Größen fertig in Bastelläden zu kaufen. Es ist für den Einsteiger empfehlenswert, erst einmal mit einem kleineren Gestell anzufangen, denn es sind einige Stunden reine Bindearbeit nötig. Die Anfertigung einer großen Krone sollte von mehreren Personen in Teamarbeit vollzogen werden, wie es auch die Mägde und Schnitterinnen früher am Ende der Feldarbeit gemeinsam gemacht haben. Die Freude, wenn sich ein kahles Gestell zu einer prachtvollen Erntekrone entwickelt, ist groß und jeden Beteiligten erfüllt das Werk mit Stolz, zumal dabei auch das gesellige Beisammensein nicht zu kurz kommt.

### Material

- Fertiges Kronengestell aus gewelltem Draht, Ringdurchmesser 30 cm, Bogenhöhe 40 cm
- 1–2 Rollen Wickeldraht, 0,65 cm stark

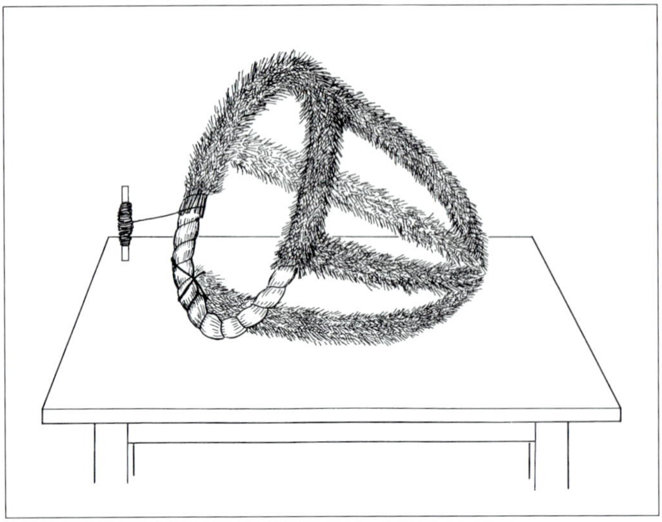

Binden einer Erntekrone. Zeichnung: Um den unteren Kranz zu binden, wird die Krone auf die Seite gelegt.

Foto rechts: Anlegen und Festbinden der Ähren am Kronenbogen.

- Stroh für den Wulst
- Getreideähren in großen Mengen, etwa die fünf- bis zehnfache Menge wie für einen Erntekranz

## Anleitung

Wie schon beim Erntekranz, wird auch das Erntekronengestell zuerst mit einer dünnen Stroh-, Moos- oder Heuschicht ummantelt. Wichtig ist, daß der Strohwulst von einer gleichmäßigen Stärke ist und fest genug am Gestell mit dem Wickeldraht festgezurrt wird, damit sich das Stroh nicht um die Form drehen läßt.

Die Getreideähren werden alle vor dem Binden auf eine Länge von 10–15 cm gekürzt und sortiert auf dem Arbeitsplatz rechts neben der Krone bereitgelegt. Das erleichtert den Arbeitsablauf, da die rechte Hand das Getreide anlegt, während die linke Hand die zugereichten Büschel festhält. Danach ist die rechte Hand wieder frei, um den Wickeldraht in mehreren Windungen dicht unter den Ähren festzuziehen. Der Wickeldraht wird immer von rechts über das Gebinde nach links und unter dem Kranz zurückgeführt.

Man bindet vom oberen Kreuzungspunkt der vier Bögen nach unten zum Kranz. Jeder Bogen wird vollrund gebunden. Dabei braucht die Bogenrückseite nur mit eng anliegendem Getreide wie Roggen oder Weizen dünn bebunden zu werden, um genug Freiraum im Kronengewölbe entstehen zu lassen, wenn man von unten in die aufgehängte Krone hineinschaut. Werden die Bögen zu dick gebunden, verschwindet die Gewölbeform optisch und gleicht eher einer Haube. Ein Bogen muß dem anderen gleichen, um der Symmetrie einer Krone gerecht zu werden. Wenn alle Bögen fertig gebunden sind, wird die Krone auf die Seite gelegt und das Getreide um den Kranz angeordnet. Dabei bindet man das Getreide auf sich zu, das heißt entgegen dem Uhrzeigersinn. Das Anlegen der Getreideähren und der Bindevorgang erfolgen wie beim Erntekranz.

Hafer oder die langen Grannen der Gerste verdecken die kleinen Lücken, die hin und wieder beim Binden entstehen. Sollte beim Binden eine zu dünne Stelle oder gar ein Loch entstanden sein, ist das mit kleinen Korrekturen im nachhinein zu beheben. Bei größeren Lücken drahtet man Büschel passender Größe mit einem etwas stärkeren Steckdraht (1,2/300) an und schiebt die zuvor angespitzten Drahtenden genau an der Stelle, an der etwas kaschiert werden soll, in den Strohwulst. Manchmal sind auch mehrere Getreidebüschel zum Ausfüllen des Loches nötig. Ist die Stelle dagegen nur klein, kann man mit Hilfe von Heißkleber schnell und problemlos einige Getreideähren dazukleben, um sichtbaren Draht zu verdecken.

Ist alles zur Zufriedenheit abgeschlossen, kann mit dem Schmücken der Erntekrone begonnen werden.

### Schmuck der Erntekrone

Eine schön gebundene Krone benötigt wenig Schmuck. Manchmal genügen Bänder, an denen sie aufgehängt wird. Aber der Phantasie sind keine Grenzen gesetzt. Der Schmuck aus Trockenfrüchten, Mohnkapseln, Lampionblumen und getrockneten Blüten sollte vor allem an den Kreuzungspunkten der Bögen mit dem Kranz zur Betonung der festen Verbindung angebracht werden. Der Hinweis, daß der rustikale Charakter der Gestaltung gewahrt werden muß und deshalb gänzlich auf exotische Pflanzenteile zu verzichten ist, ist sicher unnötig.

Bänder sind als Schmuck der Erntekrone eigentlich unersetzlich. Sie können durch ihre Farbigkeit, durch ihr Material und durch ihre Musterung das Aussehen der Krone prägen wie kein anderes Gestaltungsmittel. Die Handhabung mit Motivbändern ist etwas schwieriger, da sie meist nur von einer Seite bedruckt oder bestickt sind. Bei der Verwendung solcher Bänder ist darauf zu achten, daß immer die Positivseite sichtbar ist.

Passende Motive auf den Bändern sind Federvieh wie Hähne, Hühner, Enten und Gänse, ebenso wie Äpfel oder Beeren.

Nicht ganz einfach, aber sehr wirkungsvoll ist es, den Kranz allein, oder Kranz und Bögen in gleichmäßigen Windungen mit Band zu umschlingen. Dabei muß sehr genau auf die Einhaltung der Symmetrie geachtet werden. Ist beispielsweise ein Bogenstück mit drei Windungen umgeben, müssen alle anderen Bögen ebenfalls drei Umschlingungen erhalten. Dabei muß selbstverständlich der Abstand von Windung zu Windung gleich groß sein, sonst gerät die Gesamtwirkung der Krone aus dem Lot. Durch das umschlingende Band wird der Vorgang des Bindens und des Festhaltens der Ähren sehr dekorativ sichtbar gemacht. Das Band erfüllt bei dieser Schmuckvariante eine wichtige Funktion.

Bandschmuck kann auch an allen Kreuzungspunkten befestigt werden. Ob man sich dabei zu Schleifen mit längeren Enden entschließt oder einfach nur die Bänder um die Kreuzungspunkte knotet, ist letztendlich die eigene Entscheidung.

Stilisierte Tierfiguren, verkörpert durch den Hahn oder den Bock, sind wie bereits an anderer Stelle gesagt, Symbolfiguren der Fruchtbarkeit. Beim Schmücken ist wieder genau auf die Einhaltung der Symmetrie zu achten und daher empfiehlt es sich, in jedes Kronenviertel eine Tierfigur auf den Kranz zu stellen und mit einem Tropfen Heißkleber oder mit einem zur Haarnadel gebogenen Drahtstück zu sichern. Alle gestalterischen Überlegungen, die zum Schmücken des Erntekranzes angestellt wurden, gelten auch für das Schmücken einer Erntekrone.

Welche Schmuckvariante jeder für sich favorisiert, ergänzt, kombiniert oder aber sich etwas völlig Neues ausdenkt, in jedem Fall ist es die eigene gedankliche und handwerkliche Leistung, die beim Gelingen zu einem schönen Erfolgserlebnis führt und sicher Bewunderung findet.

# Getreide als Herbstschmuck

## Glückshalme vom ersten Schnitt

So wie das letzte Fuder oder die letzte Garbe von allerlei Ernteaberglauben begleitet war, so vollzog sich der Erntebeginn ebenfalls mit mancherlei Ritualen.

Die Erntegeräte wurden zur Segnung in die Frühmesse getragen. Erst wenn der Bauer dann noch am Feldrand seinen Segensspruch abgeleistet hatte, begannen die Mäher. Mancherorts wurden die ersten drei Ähren rückwärts über die Schulter des Mähers geworfen für die Kornmutter oder auch andere im Korn wohnende Unholde.

In anderen Gegenden legte man die ersten drei Ähren in Kreuzform auf den Ackerboden, auch Früchte und Beeren wurden auf einen Haufen gelegt, um die Korngeister gnädig zu stimmen.

Die erste Garbe der neuen Ernte oder auch nur drei Ähren davon, zusammen mit einem Tannenreis, schmückten das Pferdegeschirr. Schweigend und ehrfürchtig wurde das erste Fuder eingefahren und von den Auf- und Abladern begleitet. Es mußte »mucksmäuschenstill« sein, weil man annahm, daß die Ernte sonst den Mäusen zufallen könnte. Je nach Größe und Wohlstand des Hofes wurde die erste Wagenladung oder ein Teil davon an die armen Dörfler verschenkt.

**Garben werden zum Trocknen aufgestellt.**

In jedem Fall setzte man in die ersten geschnittenen Ähren große Hoffnung auf einen guten und reichen Erntesegen, der als Himmelsgeschenk angesehen wurde.

Zu Beginn des ersten Schnittes steckten die Binderinnen den an der Ernte beteiligten Burschen kleine geschmückte Ährensträuße an den Hut. Vielleicht lohnte sich die Anbändelei und aus den Ähren wurden Glückshalme für ein junges Paar.

## Garbensträuße

In Anlehnung an die Tradition der gebundenen Garben kann man aus »Glückshalmen« von Getreide, Gräsern oder Hirse Garbensträuße binden.

### Aufgestellte Garbensträuße

Die mit einem Strohwisch zusammengebundenen Garben hatten immer die Bindestelle in der Mitte der Garbe. In den abgebildeten Garbensträußen ist die Bindestelle nach oben gerückt und ganz knapp unterhalb der Ähren angesetzt. Dadurch entstehen eigenwillige Straußformen mit steif auseinandergespreizten Halmstielen, die dem Strauß nicht nur eine breite Standfläche geben, sondern auch zu Spielereien mit modischen Bündelungen und Wicklungen führen.

Für diese Garbensträuße ist es unbedingt erforderlich, Halme mit ausschwingenden Ähren und Rispen auszusuchen. Auf Getreidefeldern kann man fündig werden, wenn Ähren ganz dicht am Feldrand nicht von der Erntemaschine erfaßt wurden und richtig ausreiften. Dann neigen sich die Ähren und haben die ideale Form für die Garbensträuße.

Grundsätzlich darf ohne Genehmigung des Landwirts kein Getreide gepflückt werden, auch nicht für den Hausgebrauch. Es sei denn, es sind nach der Ernte Halme stehen geblieben. Wenn man sich dann eine Handvoll zusammensammelt, wird kein Landwirt Anstoß nehmen.

Kolbenhirse mit ihren überhängenden Fruchtständen ist vor allem Vogelhaltern

**Aufgestellter Garbenstrauß. Arbeit Sylvia Zobel, Braunschweig.**

bekannt. Als einjährige Kulturpflanze kann man verschiedene Hirsearten und Ziergerste selbst aussäen und dann seinen Bedarf daraus decken. Bewährt haben sich:

Kolbenhirse *(Setaria italica)*
Mähnengerste *(Hordeum jubatum)*
Mohrenhirse *(Sorghum nigrum)*
Rispenhirse *(Panicum violaceum)*

**Material**

- Mehrere Handvoll seitlich ausschwingender Gras- oder Getreidehalme
- farbiger Zierdraht, Bast, Woll- oder Jutefäden
- flaches großes Gefäß (Tablett oder Schale)
- Gartenerde
- kurzgeschnittene Halme, wenn der Garbenstrauß auf eine Art »Stoppelfeld in der Schale« gestellt werden soll

In der Natur können sich die Blütenstände einiger Gräserarten während des Reifens so interessant zur Seite neigen, daß sich die Ernte für einen Garbenstrauß aus Gräsern lohnt. Schon beim Sammeln kann man den Strauß nach dem Verlauf der Blütenstände ordnen. So läßt sich die Menge besser abschätzen, und es gehört nicht viel Fingerfertigkeit dazu, den Strauß zusammenzuhalten. Die Finger und der Daumen müssen eine leicht geöffnete Faust bilden und die Halme knapp unterhalb der Blütenstände festhalten. Die Blütenstände hängen dabei allseitig über der Faustrundung nach außen. Hat sich die Faust gefüllt, werden alle anderen Gräser schräg von allen Seiten dazu eingesteckt bis sich ein runder Ährenball ausformt. Geübte Pflanzensammler haben mit Sicherheit ein Bindeband in der Tasche, so können sie den Strauß gleich an Ort und Stelle fixieren.

Zu Hause brauchen dann nur noch die Stiele auf die gewünschte einheitliche Länge zurechtgeschnitten zu werden. Dafür werden die Halme fest zusammengenommen und glatt abgeschnitten. Zum Aufstellen des Straußes auf einem flachen Stellgefäß oder einfach auf der Tischplatte, werden die Halme weit auseinandergespreizt und nach Belieben bündelweise zusammengebunden, mit Zierdraht umwickelt oder mit farbigem Bast, Woll- oder Jutefäden verziert.

Eine andere Stellfläche für den Garbenstrauß ist ein der Natur nachempfundenes »Stoppelfeld«. Dazu wird einfach eine flache Schale mit kurzgeschnittenen, senkrecht stehenden Halmen ausgefüllt.

Wenn die Schale zunächst eine feste Erdschicht von einigen Zentimetern erhält, entspricht das der Realität, die Halmstücke stehen besser und die Arbeit ist schnell fertig, weil die Halmstücke nicht dicht an dicht stehen müssen, um senkrecht zu bleiben. Zum Schluß stellt man den Strauß auf das Stoppelfeld wie eine gebundene Garbe.

## Gelegte Garbensträuße

Für ein rustikales Büffet oder als Schmuck einzelner Tischgedecke bei einem Fest eignen sich kleine gelegte Garbensträuße. Nach dem Fest können sie als Wandsträuße das herbstliche Ambiente zu Hause ergänzen.

Bei allen Gebinden werden die Halme ganz konsequent parallel dicht an dicht zusammengefügt. Wichtig ist dabei, daß das Stielbündel mindestens so lang ist, wie das Ährenbündel. Die Stiele haben durch gleichmäßig verteilte Kordel- oder Zierdrahtumwicklungen eine wichtige Funktion in der Gestaltung im Gegensatz zum herkömmlich gebundenen Blumenstrauß, bei dem der Stiel meistens in der undurchsichtigen Blumenvase verschwindet. Als Tischschmuck werden zur Ausgestaltung Frischblumen verwendet, die später durch Seiden- oder Trockenblumen ersetzt werden können. Kleinblütige Chrysanthemen (*Dendranthema-Grandiflorum*-Hybriden), Flockenblumen *(Amberboa moschata)*, Hortensienblüten *(Hydrangea macrophylla)*, Pompon-Dahlien und viele andere Blüten, aber auch Pflaumen, Beeren und andere Früchte aus dem Garten oder aus der Natur, die sich farblich und größenmäßig gut in den Garbenstrauß einfügen, können verwendet werden.

**Material**

- 1 Bund Gerste (50 bis 70 Stück) mit besonders langen Grannen
- 1 Rolle goldfarbener Zierdraht
- 1 Goldquaste

Für eine Garbenbündelung wie in Abbildung Seite 27 oben links lassen sich nur Ähren mit ganz langen Grannen binden. Die schmalen Zierdrahtwicklungen bändigen die spannungsreichen Grannen und heben durch unterschiedlich starke Wicklungen die Wichtigkeit des Stielbundes hervor. Die Quaste betont den eigentlichen Bindepunkt und steigert durch ihre Goldfarbe den optischen Wert ebenso wie die Golddrahtwicklungen.

Einen ähnlichen Aufbau wie die anderen Getreidesträuße hat auch das Haferbund.

**Material**

- 1 Bund Hafer (50 bis 70 Stück)
- 1 Rolle dünner Faden, Jute, Bast oder Perlonschnüre

Gelegte Garbensträuße als Tischschmuck. Arbeiten von Elke Ahrens, Meine.

- 1 m Seidenkordel
- 6–10 Blüten
- Heiß- oder Alleskleber

Der Hafer wird zur gewünschten Straußgröße gestaffelt zusammengelegt und mit einem Faden vorgebunden. Die Seidenkordel ist nur Schmuck. Die Blüten können mit dem Heißkleber zwischen die Haferfruchtstände geklebt werden. Die zwei Kordelumwicklungen sind auf der Rückseite des Stieles ebenfalls mit Heißkleber sicher fixiert.

Der leicht gebogene Weizen-Hafer-Strauß mit auffälligem Sonnenblumenschmuck wurde auf einem gebogenen Weidenreifen mit Wickeldraht aufgebunden. Statt des Weidenreifens läßt sich auch eine Haselnußgerte in die gewünschte Bogenform biegen. Dazu nimmt man die Gerte zwischen Daumen und Zeigefinger beider Hände und drückt die Rundung gefühlvoll zurecht. Dabei wird die Oberhaut der Rinde an einigen Stellen ein wenig einreißen; dadurch läßt die Spannkraft nach und der Zweig läßt sich besser biegen (siehe auch Seite 28).

**Material**

- Je ein Bund Weizen und Hafer, mindestens 50 Stück pro Sorte
- Weidenreifen oder Haselnußrute von 40 cm Länge
- Rolle Wickeldraht
- längeres Stück Band
- 1 m gold-gelbe Seidenkordel
- 3 Sonnenblumenblüten aus Seide
- Heiß- oder Alleskleber

Beim Binden des Straußes ist es wichtig, die Halme der Ähren möglichst kurz zu binden und jeweils so stark wie möglich einzukürzen, damit der Strauß dünn bleibt. Der Stiel aus langen Halmen wird nachträglich angesetzt, indem das noch nicht bebundene Gertenstück mit langen Halmen ummantelt und mit Band an mehreren Stellen gebunden wird. Die Binde-

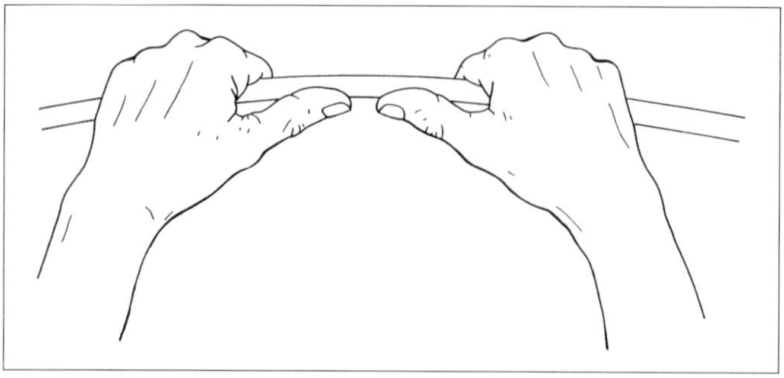

Verbiegen einer Weidengerte durch sanften Fingerdruck.

stellen werden dann mit goldgelber Seidenkordel kaschiert. Mehrere der Kordelumwicklungen verdecken den Übergang zwischen Halmstiel und gebundenem Straußteil, die beide in einem guten Mengen- und Größenverhältnis stehen sollen.

Die Sonnenblumenblüten sind aufgeklebt und nehmen farblich Verbindung zu der Kordel auf. Selbstverständlich können stattdessen andere Blüten wie Kornblumen oder Klatschmohn genommen werden. Dann empfiehlt es sich, die Kordelfarbe auf die Blütenfarbe abzustimmen, um eine Verbindung zwischen den Blüten und der Kordel zu schaffen.

Ein Korngeist aus Getreidegarben.

## Die letzte Garbe

Weit zurück liegt die Zeit, in der die Schnitter und Garbenbinderinnen in mühsamer Handarbeit die Getreideernte und in einer Mischung aus Frömmigkeit, Glauben und Aberglauben Erntebräuche pflegten. Mit der Mechanisierung der Erntearbeiten schwand der Glaube an übermächtige Kräfte, unberechenbare Einflüsse und Naturgewalten, ausgelöst durch unsichtbare Naturdämonen, die Einfluß auf einen guten Ernteabschluß nehmen konnten. Eine ganze Welt von Korndämonen beflügelten damals die Phantasie des Landvolkes. So glaubte man, daß die Schnitter den im Korn wohnenden Dämon beim Mähen aufschreckten und von Kornfeld zu Kornfeld trieben, bis der mysteriöse Korngeist schließlich mit der letzten Garbe eingefangen wurde.

Oft blieb die letzte Garbe auf dem Kornfeld stehen als Erntesegen für die Vögel. Außerdem erhoffte man sich davon eine Übertragung der Fruchtbarkeit auf die neue Saat.

In den Volkssagen spielt die Kornmuhme oder Kornmutter eine große Rolle. Darin wird erzählt, daß sie durch die Felder geistert, um das reifende Korn zu bewachen, sei es nur, um den Kindern Angst einzuflößen, damit sie nicht achtlos ins Kornfeld laufen und das Getreide niedertreten. Die Kornmuhme soll auch darüber gewacht haben, daß die Schnitter ihre Mittagsstunde einhielten. Ihr zu Ehren band man aus der letzten Garbe eine Erntemutter und staffierte sie recht dick aus als Merkmal der Fruchtbarkeit. Der Wunsch nach Vermehrung und neuem Leben einerseits und nach Schutz vor Schäden und bösen Mächten andererseits wurde in oft undefinierbaren menschlichen oder tierischen Gestalten vergegenständlicht. Je nach Landstrich tauchen Namen wie »der Alte«, »de Aule«, »die Alte«, »Roggenmuhme«, »Roggenhund« oder »Kornwolf« auf, als Ausdruck für die Macht der Geister über Vegetation und Wachstum.

In Westfalen wird die letzte Garbe als »Harke-Mai« oder »Harklemai« bezeichnet und auf dem letzten Fuder eingefahren, so wie in anderen Gegenden der Erntekranz oder die Erntekrone mitgeführt werden.

Der Harke-Mai besteht aus einem Buschen von Laubzweigen und den letzten zusammengeharkten Ähren vom Acker, geschmückt mit bunten flatternden Bändern, Blumen vom Ackerrain und Eierketten. Entweder wurde der geschmückte Harke-Mai an einen Stecken gebunden und von einem Schnitter oder von der Bäuerin selbst in das abgeerntete Feld gesteckt, oder nach Ankunft auf dem Gehöft unter den Dachbalken in der Scheune angenagelt, wo am Abend die Erntefeier ihren Lauf nahm.

Auch das »Erntebüschel« ist eine Gebindeform aus den letzten Garben. Es wurde als Amulett vielfach über der Haus- oder Stalltür angebracht und ebenfalls bis zum nächsten Erntebeginn dort verwahrt.

## Die letzte Garbe als Strauß

Die letzte Garbe als Getreide- oder Gräserstrauß zu binden, ist recht einfach.

Man benötigt eine gute Handvoll Getreide oder Gräser. In einem Strauß wird nur eine Art verwendet. In der Schlichtheit liegt das Geheimnis dieser Sträuße.

Besonders wirkungsvoll sind Getreidearten mit lang ausgebildeten Grannen und gerade nach oben strebenden Ähren.

Für den Gräserstrauß eignen sich Arten mit fiedrig verzweigten Blütenständen, wie Straußgras, Windhalm und Rasenschmiele.

### Material

- Eine Handvoll (ungefähr 100 Stück) von einer zart-rispigen Gräsersorte oder Getreidearten
- Bindeband oder 1 dünner Gummiring
- 1–2 m Zierband einfarbig oder gemustert, 2–4 cm breit
- Papierschere, Messer

### Anleitung

Dünnstielige Gräser lassen sich leicht pflücken, wenn man sie mit Daumen- und Zeigefingernagel zwischen den Knoten ab-

**Oben: Kornmuhme oder Erntemutter.**

**Die letzte Garbe als Strauß. Arbeit Beate Hauptmann, Hannover.**

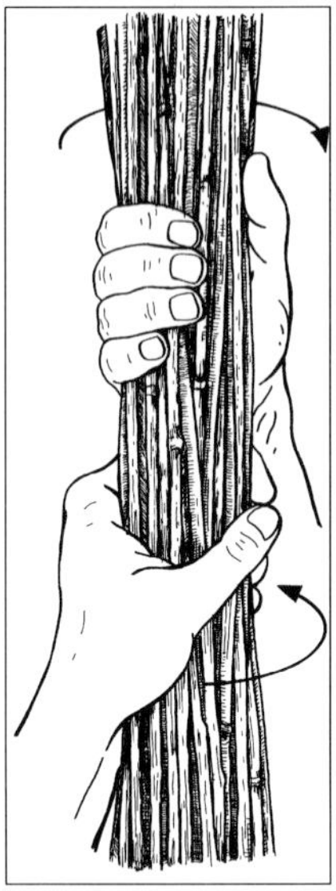

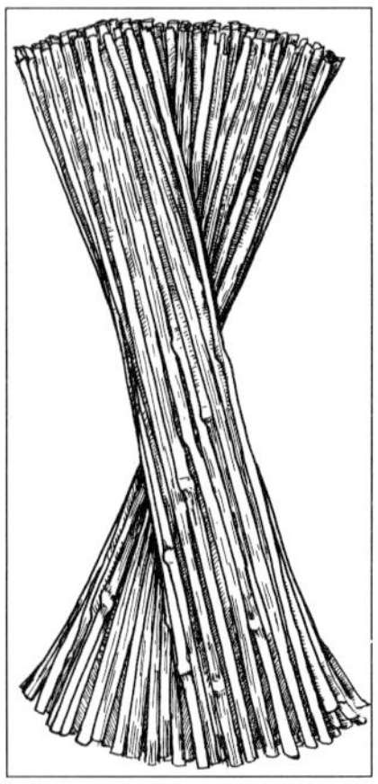

**Aus den parallel gehaltenen Halmen entsteht durch eine entgegengesetzte Drehung mit der linken und rechten Hand ein gespreizter Stielverlauf.**

**Rechts: Die letzte Garbe als Stehstrauß auf den weit auseinander gespreizten Halmen.**

knipst. Bei stärkeren Halmen erleichtert ein Messer oder eine Schere die Ernte. Die Messerschneide wird ebenfalls im Zwischenknotenstück angesetzt und der Daumen drückt den Halm über die Klinge. Es hat den Vorteil, daß nur eine Hand zur Ernte benötigt wird, weil die anderen Finger den abgetrennten Grashalm gleich festhalten können und die andere Hand frei bleibt, die Halme zu sammeln. Dabei liegen die dünnen Gräserhalme parallel zusammengefaßt in der Hand. Die günstigste Stelle zum Anfassen liegt im unteren Drittel der Halme. Die spiralige Lage der Gräser im Strauß kann man erreichen, indem die zweite Hand den Strauß über der ersten Hand faßt. Drehen nun beide Hände die Halme des Gräserbündels gegenläufig, entsteht der gewünschte spiralige Verlauf der Stiele. Dabei drehen sich die zuvor dicht nebeneinander gehaltenen Halme in eine lockere Straußform. In dieser Stellung wird der Strauß von der linken Hand gehalten. Es ist nun ein leichtes, noch viele Gräser in die sich immer wieder durch den Daumen öffnende Faust zu legen, wobei die Stiele schräg nach rechts unten verlaufen sollen. Die neu zugeordneten Gräser müssen etwas kürzer sein, damit der Straußumriß eine Kuppelform erhält, ähnlich der Rundung eines aufgespannten Regenschirms.

Hat der Strauß ein ausreichendes Volumen erreicht, wird er mit Bast oder einem reißfesten Faden knapp oberhalb der haltenden Hand durch mehrere Umwicklungen festgebunden. Ein Knoten schließt die Bindung ab. Ein hübsches Schleifenband akzentuiert optisch die Bindestelle, wenn der Strauß an eine Tür oder Wand gehängt werden soll.

Der Strauß läßt sich auch als Stehstrauß in eine flache Schale stellen. Dafür müssen die Stielenden so gleichmäßig abgeschnitten werden, daß er von alleine stehen bleibt. Damit er allerdings ganz sicher steht, schiebt man unter die Stiele einen Kenzan und verkeilt den Strauß durch sanftes Aufstoßen darauf. Auf Wasser kann hier ebenso verzichtet werden, wie beim Einstellen in ein rustikales Gefäß.

In einem Gefäß ist natürlich der Bandschleifenschmuck wie er für den Wandstrauß angebracht wurde, gänzlich überflüssig.

Getreide und Gräser lassen sich aufrechtstehend gut trocknen.

Für Anfänger, die noch nie einen Strauß gebunden haben, ist der beschriebene Gräserstrauß eine leichte Vorübung.

## Das Glückshämpfeli

Was mit dem Wort »Glück« gemeint ist, liest sich im Wörterbuch wie folgt: »Hochstimmung nach Erfüllung ersehnter Wünsche« oder »günstiger Zufall«. Und auf das Glück sind und waren seit eh und je die Menschen angewiesen, wenn sie sich dem Unbeeinflußbaren, beispielsweise dem Wettergeschehen während der Erntewochen, ausgeliefert sahen. »Hämpfeli« leitet sich aus dem Wort »Hampfel« ab und ist gleichbedeutend mit einer »Handvoll« und eine »Handvoll Glück« ist wohl erforderlich, um die letzte Garbe oder das letzte Fuder trocken in die Scheuer bringen zu können. Aus Dankbarkeit nagelte man das Glückshämpfeli ans Scheunentor. Doch auch geflochtene Strohzöpfe, aus den letzten Ähren zusammengefügt, er-

fuhren als Glückshämpfeli ihre besondere Würdigung, indem man sie über dem Eßtisch aufhängte und ein ganzes Jahr lang hängen ließ (Foto Seite 36).

Ährenzöpfe und Ährenbüschel waren eigenwillige Sonderformen der Erntesträuße. Sie wurden nicht als Strauß aufgestellt, schon gar nicht in ein Gefäß, sondern an die Stalltür genagelt.

Wie immer die Flechtwerke aus Getreide ausgesehen haben, alle waren kleine Kunstwerke aus den geschickten Händen einzelner Binderinnen, häufig Mägde, die durch Wanderschaft von Ort zu Ort ihre Bindekunst weitergetragen, weiterentwickelt und verändert haben.

**Ährenzöpfe als Glückshämpfeli.**

## Der Ährenwandstrauß als modernes »Glückshämpfeli«

Der Ährenwandstrauß aus Getreide gebunden und mit sehr echt wirkenden Kunstfrüchten üppig verziert, ist ein kostbarer Wandschmuck und eine zeitgemäße Abwandlung eines Glückshämpfelis.

Der Fachmann spricht von einem Formgebinde, weil der Strauß eine sehr geschlossene Umrißform hat und sich nur einige Gestaltungsmittel ganz geringfügig aus dem festen Gefüge lösen.

**Material**

- Seil (Wäscheleine oder dicke Kordel, 70 cm lang) oder dünne, elastische Weiden- oder Haselrute, 60 cm lang
- 5 Bunde Roggen, Weizen und Hafer (im Handel gekauft)
- 1 Rolle Wickeldraht oder fester Zwirn
- 2–3 m Band, 45 mm breit
- mehrere Steckdrähte, 1,0/280, 1,2/300 und 1,4/350 mm stark
- Kunstfrüchte oder Zieräpfel, Blätter,

**Ährenstrauß mit langem Stiel und Ährenbüschel in Brezelform.**

**Ährenwandstrauß. Arbeit Rosamunde Richter, Hannover.**

Beeren, Hagebutten und anderes aus der Natur
- Heißklebepistole, Gartenschere, Papierschere, Kneifzange

### Anleitung

Das Getreide wird gruppenweise geordnet rechts auf dem Arbeitsplatz bereitgelegt. Dabei werden die Halme auf 10–15 cm Länge eingekürzt. Besonders gerade und feste Halme werden aussortiert für den Stiel als Abschluß. Auf Gerstenähren wird verzichtet, weil diese Getreidesorte sehr lange Grannen hat. Wenn die Ähren schon durch Überreife bogig nach unten hängen und eingetrocknet sind, wird das Binden sehr erschwert. Das Seil ist bewußt 10 cm länger bemessen als der Stab, weil sich die Kordel beim Binden um einige Zentimeter verkürzt.

Wie beim Erntekranz oder der Erntekrone kann die Kordel aber auch mit einem 3 cm dicken Wulst umgeben werden. Dann muß sie nur eine Länge von 55 cm haben, da beim Getreideaufbinden dann kein Schwund mehr zu erwarten ist. Der Wulst erleichtert das Aufbinden der Getreideähren und gibt dem entstehenden Strauß einen festen Halt. Außerdem enthält der Wandstrauß eine saubere Rückseite, da das Getreide flach und nur von vorne aufgebunden wird.

Zuerst wird der Bindedraht fest um den Wulst verzwirbelt. Wie bei jeder Bindearbeit wird der Draht von der rechten Hand geführt und zur linken Seite über das aufzubindende Material geleitet und mit sanftem Zug festgezurrt. Das Gefühl dafür, wie fest der Draht angezogen werden darf, stellt sich sehr schnell ein, spätestens, wenn zum ersten Mal die Halme bei zu festem Zug regelrecht durchtrennt werden oder gar der Bindedraht reißt.

Die Spitze des Straußes überragt den Wulst um 5 cm. Sie gelingt am besten, wenn man sich das Getreide zuerst zu einem kleinen Fächer in der Hand zurechtlegt.

Für die vorgesehene Straußspitze können es bis zu 30 Ähren sein. Sie werden abgestuft übereinandergelegt, dicht an dicht und ohne große Zwischenräume. Dabei soll jede Ähre voll zur Geltung kommen. Ist die Fächerform gelungen, werden die Halme knapp unter den Ähren mit drei bis fünf Umwicklungen auf dem Wulst festgebunden. Mit dieser Fächermethode läßt sich das Binden fortführen. Fächer für Fächer fügt sich nahtlos neben- und aneinander. Der Wandstrauß sollte eine gleichmäßige Breite von 20 cm haben, um wohlproportioniert zu wirken.

Zum Schluß werden alle über das Wulstende hinausragenden Halme ganz kurz abgeschnitten. Der Draht wird so verdreht, daß man als Abschluß gleich eine Öse zum Aufhängen erhält.

Nun wird der Stiel angesetzt. Viele stabile Halme von 30 cm Länge werden wie beim Mikadospiel auseinander gespreizt und festgehalten. Eine Hand hält die Halme am Drehpunkt fest, ohne daß die Spreizung verloren geht. Dann wird die enge Stelle mit Wickeldraht, Band oder Bastfaden fest zusammengebunden. Nun wird der Stiel gedrahtet (1,0/300 Steckdraht) und mit einer Gabelung in den Wulst geschoben (Andrahten siehe Seite 93). Den Übergang zwischen Strauß und Stiel kaschiert ein üppiger Schleifenschmuck mit abfließenden Bandenden.

Wem der ungeschmückte Ährenstrauß gerade wegen seiner Schlichtheit besonders gut gefällt, kann die Arbeit damit abschließen. Er muß nur noch einen geeigneten Platz zum Aufhängen finden, an dem der Wandstrauß gut zur Wirkung kommt.

Um Früchte zwischen die Ähren einfügen zu können, müssen alle Stücke einzeln oder in kleinen Gruppen angegabelt werden. Beide Drahtenden werden dann in Binderichtung zwischen die Ähren geschoben. Sollten Ähren beim Schmücken abknicken, hilft die Heißklebepistole. Mit einigen Tropfen Heißkleber sind schnell Ersatzähren eingefügt. Auch kleine Früchte oder Blätter sind problemloser zwischen den Ähren festzukleben, als wenn man sie angedrahtet zwischen die Ähren schiebt.

Nun braucht das aufgehängte Glückshämpfeli nur noch das zu halten, was sein Name verspricht.

## Gräserzopf

Wem das Binden eines Ährenwandstraußes zu aufwendig und zu mühsam erscheint, für den ist sicher ein »Glückshämpfeli«, wie in der Abb. Seite 34, eine Alternative. Der Zeitaufwand ist gering, wenn alle Gestaltungsmittel zusammengetragen sind. Die Heißklebepistole und ein paar dünne Drähte erleichtern auch hier die Arbeit.

Geflochtene Bastzöpfe mit Strohblumen und anderem Trockenblumenschmuck sind seit Jahrzehnten bekannt. Durch einen Zopf aus besonders langen Gräsern

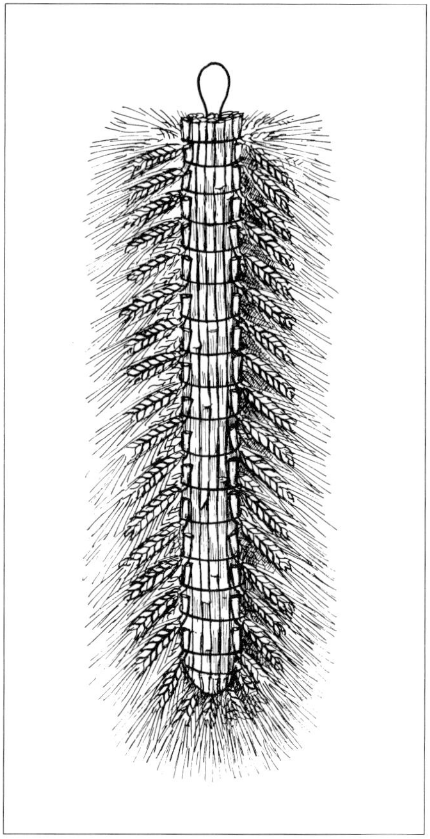

**Der Ährenwandstrauß, Rückansicht.**

**Die Ähren werden in der Hand zu einem Fächer zusammengelegt.**

**Gräserzopf mit Hortensien und Glokkenheide.
Arbeit Beate Hauptmann, Hannover.**

entsteht eine zeitgemäße Abwandlung. Folgende Staudengräser haben lange, schmale und weich schwingende Blätter:
Federborstengras *(Pennisetum alopecuroides)*
Feinhalmchinaschilf, Eulaliagras (*Miscanthus sinensis* 'Gracillimus')
Goldleistengras (*Spartina pectinata* 'Aureomarginata')
Pampasgras *(Cortaderia selloana)*.

Bei letzterem ist besondere Vorsicht angezeigt. Die bis zu einem Meter lang werdenden Blätter sind rauh und an ihren Rändern messerscharf. Es empfiehlt sich, bei ihrer Verwendung Handschuhe zu tragen. Im Handel gibt es außerdem ein sehr vielseitig einsetzbares Gras als Beiwerk. Es heißt Bärengras *(Xerophyllum asphodeloides)*, ist 40–80 cm lang und läßt sich wunderbar flechten. Die Blattfarbe ist silbrig graugrün.

In einer Viertelstunde kann dieses ansprechende Flechtwerk anhand der Abbildung und Anleitung angefertigt werden.

### Material

- 1 Bund Bärengras, oder Gräser aus dem Garten
- mehrere Fäden Naturbast
- 1 getrocknete Hortensiendolde
- 4 Spitzen Glockenheide *(Erica gracilis)* von einer Topfpflanze
- 3–4 Efeublätter aus dem Freiland, ersatzweise auch Sallal *(Gaultheria shallon)* oder Bronzeblatt *(Galax urceolata)* aus dem Blumengeschäft.

### Anleitung

Das Grasbündel wird 7 cm über dem Blattende mit einem Bastfaden schmal umwikkelt und fest zusammengebunden. Dann werden die Gräser in einer Länge von 12–15 cm leicht aufgewölbt zusammengeschoben, bevor das Blätterbund in drei gleich große Stränge aufgeteilt und bis zu den Blattspitzen miteinander verflochten wird. Zur Spitze hin entwickelt sich der geflochtene Zopf immer dünner, weil nicht alle Gräser gleich lang sind. Die Verflechtung wird mit einem Bastfaden gesichert, damit sie sich nicht aufribbeln kann.

Als Schmuckelemente werden die Efeublätter zuerst über der Mittelrippe angegabelt (Technik siehe Seite 93) und in die Verflechtung eingeschoben. Alle anderen Blüten sind schnell mit Heißkleber auf und zwischen die Blätter zu kleben in der Anordnung, wie es in der Abbildung zu erkennen ist. Bei den Blättern ist absichtlich auf den Heißkleber verzichtet worden, weil die Klebestellen im nachhinein dunkle, unschöne Flecken an der Blattoberfläche hinterlassen.

## Rundum Getreide – die Ährenkugel

Erntekranz und Erntekrone sind uns aus dem bäuerlichen Brauchtum gegenwärtig und werden als traditionelle Formgebinde seit eh und je mit der Erntezeit in Verbindung gebracht. Völlig unkonventionell ist dagegen eine Ährenkugel. Sie gefällt durch ihre geschlossene Umrißform und durch ihre schlichte Wirkung.

### Material

- Mehrere hundert Roggenähren
- Kugel aus Trockensteckschaum, Durchmesser 12 cm
- Kordel zum Aufhängen
- Juteband
- mehrere Steckdrähte 1, 2/300
- trockenes Gerank von Clematis, Jelängerjelieber oder Schlingknöterich

### Anleitung

Eine Kugel läßt sich am besten frei hängend mit Ähren bestecken. Dabei haben die industriell gefertigten Kugeln aus Schaummasse den Vorteil, daß die Halme ohne viel Mühe leicht in die Masse hineingesteckt werden können und nicht geklebt oder angedrahtet werden müssen.

Doch zunächst werden eine Kordel, geflochtene Schnüre oder ein Band an einem Ende mit einem 1, 2/300 Steckdraht fest angedrahtet. Das freie Drahtstück schiebt man möglichst senkrecht durch den Kugelkörper. Dabei muß der Draht so lang sein, daß ein kleines Stückchen freier Draht herausragt. Er wird zu einem Haken umgebogen und in die Kugelsteckmasse zurückgeführt. Ist der Draht nicht lang genug, wird er nicht senkrecht durch das Kugelinnere geschoben, sondern schräg nach außen. Wichtig ist in jedem Fall, eine feste Verankerung des freien Drahtstückes im Kugelkörper, weil die fertige Kugel später ein gewisses Gewicht haben wird.

Nach dieser Vorarbeit wird die Kugel an einen Deckenhaken gehängt. Bevor man nun mit dem Bestecken der Kugel beginnt, sollte man unterschiedlich lange Ähren mit Halm in die Steckmasse stecken, um

**Ährenkugel als Raumschmuck. Kunstgewerbe Norma, Meine**

**Eine Kugel aus Trockensteckschaum wird mit Ähren besteckt.**

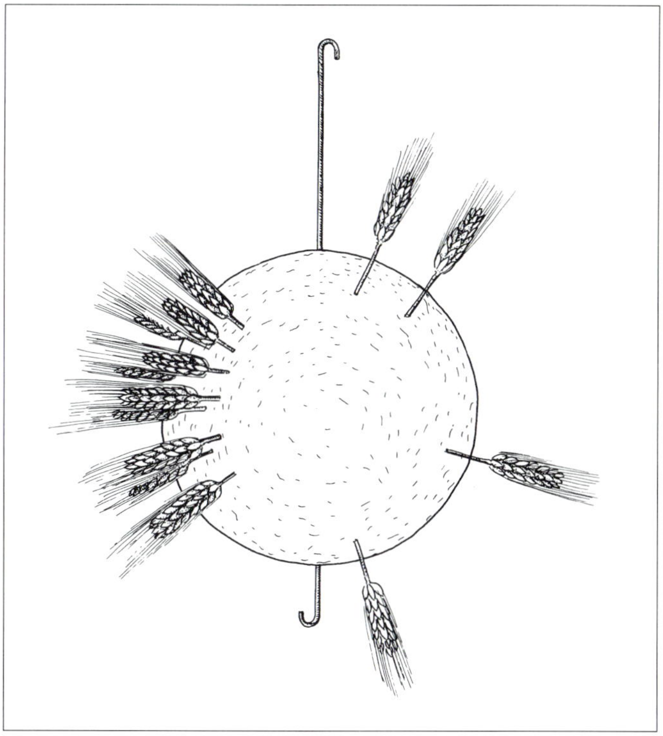

Glückshämpfeli aus Getreideähren.

sich das Ausmaß, das heißt, die spätere Kugelgröße, vorstellen zu können und die Halme auf das richtige Maß zu schneiden. Die Gesamtlänge der Ähre mit Halm wird bei 8–12 cm liegen. Dabei sollte bedacht werden, daß die Ähren recht dicht nebeneinander auf dem Kugelkörper sitzen sollen. Auf diese Art erreicht man am besten eine gleichmäßige Fülle.

Beim Einführen der Halme in die Steckmasse ist es nützlich, darauf zu achten, daß jeder Halm zur Kugelmitte zeigen muß. So steht jede Ähre an jeder Stelle im richtigen Winkel zur Kugelrundung und zu den anderen Halmen.

Anfangs ist das Stecken sehr einfach, weil noch genügend freie Kugeloberfläche vorhanden ist, um die Kugel fest in der Hand zu halten. Doch je voller und dichter die Getreideähren die Kugeloberfläche bedecken, um so weniger Möglichkeiten bieten sich, die Kugel festzuhalten, ohne Getreideähren umzuknicken.

Eine gewisse Hilfe ist es, zum Schluß die stumpfe Seite eines Bleistifts zwischen die Ähren zu führen, um dadurch den erforderlichen kleinen Gegendruck zu erhalten, der beim Stecken nötig ist. Noch patenter ist es, zunächst zwei gegenüberliegende Kugelhälften fertig zu bestecken und in der Mitte ein breites Band frei zu halten, um die Kugel anfassen zu können. Dann wird in die bereits besteckten Bereiche einander genau gegenüber je eine feste Stricknadel eingeschoben und mit dieser Achse wird die Kugel über eine entsprechend große Kiste, eine Wanne oder dergleichen gelegt. Nun kann das freie Band besteckt werden, indem die Kugel fest aufliegt und nach Bedarf um die Achse gedreht wird.

Ist die Kugel rund und gleichmäßig dicht besteckt, kann man je nach Geschmack noch ein Juteband mit Knotenabschluß (s. Foto) oder eine Schleife in die Kugel einarbeiten. Da das Band keine haltende Funktion hat, genügt das Andrahten mit einem 1,2/300 Draht, der stabil genug ist, um leicht in die Kugelsteckmasse geschoben zu werden, ohne dabei umzuknicken. Mit dem Gerank von Jelängerjelieber *(Lonicera)* läßt sich die Aufhängung zusätzlich noch umspielen, um die Starre der Kordel zu mildern.

# Bräuche rund um die Kartoffel

## Geschichtliches

Die Kartoffel hatte schon eine lange Geschichte, ehe sie in Deutschland zum wichtigsten Volksnahrungsmittel wurde.

Die Heimat der Kartoffel ist Peru. Schon 3000 Jahre v.Chr. wurde sie dort von den Ureinwohnern angebaut, bevor sie über Spanien, Holland und Frankreich im 17. Jahrhundert nach Deutschland gelangte.

Die Gewöhnung der Bevölkerung an die neue Frucht war allerdings zunächst sehr schwierig. Der Preußenkönig Friedrich der Große (1712–1786) hatte für die Einführung sogar Verordnungen erlassen, um die aus Südamerika importierte Frucht populär zu machen. Zunächst konnte man diese exotische Frucht aber nur auf den Tellern bei Hofe vorfinden oder in einigen botanischen Gärten bewundern. Die Blüten dieses Nachtschattengewächses steckte sich Ludwig XVI zu festlichen Anlässen ins Knopfloch. Die Hofdamen trugen sie als Ballschmuck. Erst der für die Landwirtschaft in vieler Hinsicht bedeutende Gelehrte Albrecht Thaer konnte die Deutschen im 19. Jahrhundert allmählich vom Nährwert der Kartoffel überzeugen.

Heute ist die Kartoffel wichtiger Bestandteil der täglichen Ernährung. Als Beilage zum Essen hat sie, ob gekocht, gerieben, fritiert oder gebraten, als Salat, Kloß oder Knödel, als Rösti, Krokette oder Püree einen hohen Stellenwert in der Alltags- und Festtagsküche bis weit über die Grenzen Deutschlands hinaus.

## Kartoffelfeuer

Für Jung und Alt war das Kartoffelfeuer Abschluß der Kartoffelernte und brachte Abwechslung in die Erntezeit. Das alte verwelkte Kartoffelkraut wurde zu einem

**Kartoffelernte, ohne Maschinen eine mühsame Arbeit.**

**Im Kartoffelfeuer verbrennt das dürre Kraut und garen köstliche Kartoffeln.**

großen Haufen aufgeschichtet und angezündet. Die Kinder garten dann besonders große Kartoffeln in der Glut, die mit Salz bestreut aus der rußgeschwärzten Schale gegessen wurden.

## Kartoffelpufferessen macht Spaß

In der Zeit der Kartoffel- und Apfelernte bietet es sich geradezu an, ein Kartoffelpuffer-Fest zu feiern. Wer über eine geräumige Küche mit Sitzecke verfügt, sollte, der Gemütlichkeit wegen, die Gäste ruhig am Ort des Geschehens beköstigen. Heiß und frisch aus der Pfanne schmecken die Puffer, auch Reibekuchen genannt, am allerbesten.

Neben dem Apfelmus können noch andere Obstdesserts aus Kürbis und Preiselbeeren sowie Zucker und Salz auf dem Tisch stehen.

Als Tischdekoration kann man aus kleinen, gleichgroßen Kartoffeln eine Krone herstellen, die später dem Gast überreicht wird, der die meisten Puffer verzehrt hat. Daneben sind locker auf den Tisch verteilte Riesenkartoffeln genauso dekorativ wie unzählige kleine. Laubblätter und rotbackige Äpfel ergänzen die Dekoration, entweder auf der blankgescheuerten Tischplatte oder auf einer rustikalen Rupfentischdecke.

**Zutaten**
1 kg geschälte Kartoffeln
2 Eier
2 Zwiebeln
2 Eßlöffel Mehl
1 Teelöffel Salz
Fett oder Öl zum Braten.

**Zubereitung**
Die rohen Kartoffeln werden gerieben und die Zwiebeln so fein wie möglich gehackt oder auch gerieben. Anschließend wird das Bratenfett in der Pfanne erhitzt. Kartoffeln und Zwiebeln werden mit den übrigen Zutaten vermengt. Mit einem Schöpflöffel werden je nach Pfannengröße ein bis drei kleine Mengen Teig in die Pfanne gegeben und flachgedrückt. Wenn der Pufferrand goldbraun wird, müssen die Puffer gewendet werden und so lange in der Pfanne bleiben, bis sie von beiden Seiten schön knusprig gebacken sind. Für die unersättlichen Pufferesser sollte ein gekühlter Schnaps zur besseren Verdauung bereitgehalten werden, bevor zur Siegerehrung die Kartoffelkrone überreicht wird.

# Die Kartoffelbraut

In niedersächsischen Kartoffelanbaugebieten wurde in manchen Dörfern ein origineller Brauch gepflegt. Als bei der Kartoffelernte noch keine Vollerntemaschinen eingesetzt wurden, rodeten die Bauern ihre Kartoffeln von Hand. Alle Mägde und auch Nachbarsfrauen halfen beim Kartoffelsammeln. Die Kartoffeln, die jede Landarbeiterin zusammengetragen hatte, wurden getrennt gewogen, da der Lohn sich nach der eingebrachten Menge richtete. Wer bei der Ernte am fleißigsten war, hatte sich den Titel »Kartoffelbraut« verdient und wurde mit einer Kartoffelkrone gekrönt.

## Bauplan der Kartoffelkrone

Für die Kartoffelkrone benötigt man einen mindestens 1,4 mm starken Biegedraht und ungefähr 40 kleine Kartoffeln von gleicher Größe. Dabei können auch angegrünte und nicht für den Verzehr geeignete Kartoffeln verwendet werden. Zuerst wird der Draht für den unteren Ring entsprechend dem Kronendurchmesser abgeschnitten. An einem Drahtende biegt man mit Hilfe einer Rund- oder Flachzange eine kleine Öse. Nun kann mit dem Auffädeln der Kartoffeln begonnen werden. Es ist dabei hilfreich, den Draht an der Auffädelseite mit einer Kneifzange anzuspitzen. Sind alle Kartoffeln dicht an dicht aufgereiht, wird das Drahtende durch die Anfangsöse geschoben und umgebogen. Nun werden entsprechend der Bogenhöhe zwei gleich lange Drähte abgeschnitten. Es ist ratsam, die Drähte schon als Bogen vorzuformen. Danach steckt man ein Drahtende senkrecht in die Mitte einer Kartoffel aus dem unteren Ring und schiebt die anderen Erdäpfel nach. Das Bogenende wird dann in die Kartoffel gesteckt, die den unteren Bodenring halbiert. Der zweite Bogen wird so angebracht, daß eine Kronenform mit etwa gleich großen Abständen auf dem unteren Kartoffelring entsteht. Beim ersten Bogen sollte eine Kartoffel genau im Scheitelpunkt des Bogens sitzen, das erleichtert die Fixierung des zweiten Bogens.

## Kartoffeln im Eimer

Selbst Kleinstgarten- oder Balkonbesitzer brauchen auf eine Kartoffelernte nicht zu verzichten. Die Vorbereitung ist nicht aufwendig, aber man benötigt ein wenig Ausdauer für die Pflegemaßnahmen. Einen Versuch ist es allemal wert, denn gerade für kleinere Kinder ist es eine Freude, mitzuerleben, wie aus einer Knolle vielleicht eine ganze Mahlzeit wird. Dabei sollte aber nicht versäumt werden, die Kinder beizeiten darauf aufmerksam zu machen, daß grüne Teile der Knollen ein Gift (Solanin) enthalten und nicht verzehrt werden dürfen. Ebenso verhält es sich mit dem ausgereiften Blütenstand, der auch als »Kartoffelapfel« bezeichnet wird und zu den stark giftigen Früchten zählt.

**Die Kartoffelbraut mit ihrer Krone.**

Für die Kultur von Kartoffeln im Eimer benötigt man große Pflanztöpfe mit Bodenlöchern oder mit Seitenschlitzen, damit sich kein Stauwasser bilden kann und die Knollen nicht verfaulen. Der Topf sollte mindestens einen Durchmesser von 35 cm oder 30 l Inhalt haben. Geeignet ist auch ein Farb- oder Maurerkübel, dabei ist allerdings die Bodenfläche mit mehreren Wasserabzugslöchern zu versehen. Der Gefäßboden wird mit kompostangereicherter Gartenerde bedeckt. In einem Abstand von etwa 15 cm werden mittelfrühe Saatkartoffeln mit den Augen nach oben auf die Erde gelegt und mit einer dicken Erdschicht bedeckt. Versuche haben ergeben, daß späte Kartoffelsorten ungeeignet sind.

Sobald sich Blattriebe zeigen, muß fast täglich soviel Mutterboden aufgefüllt werden, daß die Triebspitzen bedeckt sind. Dieser Vorgang wird solange wiederholt, bis das Gefäß mit Gartenerde aufgefüllt ist. Schon bald kann man sich an einem üppigen, während der Blütezeit sogar dekorativen Kübelschmuck erfreuen.

Nach der Blüte sollte man Geduld bewahren und erst dann neugierig auf den Ertrag sein, wenn das Kraut verwelkt ist. Das Ernteergebnis ist immer eine Überraschung, auch wenn die Kartoffeln noch so klein sind und die Waage keine Rekordernte anzeigt.

# Feste quer durch Deutschland

## Weinlese und Hopfenernte

Die meisten Erntefeste gleichen sich. Auch bei den Weinlesefesten wird der erste und der letzte Wagen mit den traubengefüllten Sammelbütten geschmückt. Weinlaubranken umkränzen die Bottiche auf der Fahrt zur Kelter. Das Ende der Weinlese beschließt ein Umzug mit allen Erntehelfern durchs Dorf, begleitet vom Weinberghüter und einer Schar von Hütemädchen. Wer von ihnen als erste den Festsaal betritt, ist für den Abend die Ehrenperson. Den Ausklang der feuchtfröhlichen Feier bildet das Heimgeigen am frühen Morgen. Alle Paare werden mit Musikbegleitung einzeln nach Hause gebracht.

Wie ein Weinlesefest die Traubenernte beendet, so gibt es für die Hopfenzupfer in den bayerischen Anbaugebieten das »Hopfenmahl« zum Ernteschluß.

Die Hopfenbäuerin bewirtet die Zupfer mit deftigem Essen und reichlich Bier. Die Zupferinnen tragen kleine Hopfensträußchen am Rock, und zu den Klängen der Hausmusik vergnügt man sich beim Hopfentanz bis zum mitternächtlichen Kehraus.

Der wilde, allgemein verbreitete Hopfen *(Humulus lupulus)* ist eine Schlingpflanze, die Gebüsche und feuchte Lehmböden als Standort bevorzugt. Die weiblichen Blüten enthalten Hopfenbittersäure, die wesentlicher Bestandteil der Bierwürze ist. Der Hopfenanbau ist in Deutschland seit dem 8. Jahrhundert bekannt.

Sehr dekorativ sind die mit gelbgrünen Kätzchen besetzten Hopfenranken, die man an Zäunen und verwilderten Hecken ernten kann. Passende Dekoration zu einem Bierabend ist eine braune Glaskaraffe gefüllt mit Goldrute *(Solidago canadensis)*, sonnengelben Pappelblätterzweigen und abfließenden Hopfenranken.

**Stimmungsvoller Tischschmuck zur Hopfenernte: Hopfenranken, Goldrute, gelbe Pappelblätter in einem Glaskrug.**

## St. Urban – Schutzpatron der Winzer

Seit dem 4. Jahrhundert v. Chr. gab es nachweislich in Ägypten, Mesopotamien und China den Weinanbau. Die Römer brachten die Rebe nach Deutschland, und der Siegeszug war unaufhaltsam. Karl der Große (742–814) bemühte sich um die Verbreitung des Weines. Er erließ eine Verordnung, die es verbot, die Trauben in der Kelter mit bloßen Füßen zu zertreten. So ließ die Erfindung der Traubenmühle nicht lange auf sich warten.

Im Mittelalter förderten Kirche und Klöster den Weinanbau. Namen wie »Nonnenberg« oder »Klosterlay« auf den Flaschenetiketten erinnern noch heute daran.

Im 18. Jahrhundert übernahmen Handelsherren den Weinbau von den Klöstern. Der Wein wurde in Flaschen abgefüllt, haltbar und somit transportfähig gemacht. Von da an florierte das Geschäft, und der Anbau wurde von Weingärtnern, Winzern und Weinbauern berufsmäßig ausgeführt.

Die Winzer hatten zur Reifezeit ihre eigenen Sorgen. Zum Schutz der reifenden Trauben vor Vögeln und »Naschern« setzte man Flurwächter ein, die in Süddeutschland »Wengertschütz« und in Tirol »Saltner« hießen. Der Saltner war an seinem kriegerisch wild aussehenden Kopfputz aus Federn, Fuchs- und Eichhornschwänzen zu erkennen. Um diebische Gestalten zu verscheuchen, erzeugten klirrende Ketten mit aufgereihten Schweinezähnen und Rätschen im Weinberg lärmende Geräusche.

Doch galt es auch die in den Mai fallende Weinblüte vor Wetterunbilden wie Frosteinbrüche in der Zeit der Eisheiligen zu schützen. Was lag da näher, als die Schutzmacht einem Heiligen zu übertragen und ihn auch bei einer Mißernte verantwortlich zu machen. Unter gut einem Dutzend von Heiligen ist St. Urban wohl der bekannteste Schutzpatron der Weinbauern.

Sein Namenstag fällt auf den 25. Mai, eine Zeit, in der die Weinstöcke die ersten Blüten ansetzen und die damit entscheidend für den Traubenbesatz im Herbst ist.

Der heilige Urban war Papst und hat von 222–230 regiert. Doch es gab einen weiteren heiligen Urban (1088–1099), der Bischof in Frankreich war. Einer Legende nach soll er sich vor seinen Verfolgern hinter einem Weinstock versteckt haben. Das war Anlaß für die Winzer, sich diesen Urban zum Schutzpatron zu erwählen. Der Volksglaube hat dann die beiden Heiligen miteinander verschmolzen zu einem Winterheiligen, der auf allen Darstellungen neben einem Weinstock steht und eine Traube in der Hand hält.

## Winzerfeste allerorten

Entlang der Weinstraße und in vielen anderen Weinanbaugebieten haben sich im Laufe der Jahrzehnte die Winzerfeste am Ende der Weinlese in den Monaten von September bis November zu einer großen Fremdenverkehrsattraktion entwickelt.

Kurz vor der neuen Ernte müssen die Fässer geleert werden. Als Ausschankzeichen dürfen Winzerwirtschaften den »Strauß« oder eine Kanne im grünen Kranz heraushängen. Kurze Zeit nach dem Keltern der Trauben gibt es den Federweißen, den frisch vergorenen Most aus der neuen Ernte. Ihm wird nachgesagt, daß so man-

**Eigenwilliger Schmuck zu einem Winzerfest: Rebholzzweige, kleine Silberdisteln, Ähren und Schneckenhäuser in einem Weinkühler. Arbeit Zobel, Braunschweig.**

cher Verkoster die Wirkung der süffigen Probe unterschätzt. Zwiebelkuchen (Rezept Seite 45), frische Nüsse und geröstete Kastanien sorgen dafür, daß ein paar Gläschen über den Durst getrunken werden können.

Weingüter veranstalten oft Weinproben im privaten Bereich, in häuslicher Atmosphäre. Zusammen mit Freunden und Bekannten kann sich daraus ein kleines Weinfest ergeben. Schmuck zu einem solchen Anlaß ist der Weinflaschenkühler aus Ton mit gebündelten Stengelabschnitten großer Wildkräuter wie Waldengelwurz *(Angelica sylvestris)*, Wiesenbärenklau *(Heracleum sphondylium)* oder Wiesenkerbel *(Anthriscus sylvestris)*. Die Farbe der getrockneten Golddisteln *(Carlina corymbosa)* wiederholt sich in dem kleinen goldgelben Ährenkranz, auf den zwei Weinbergschneckengehäuse geklebt wurden. Diese stille, zurückhaltende Gestaltung paßt zu einer besinnlichen Weinrunde an einem der letzten warmen Spätsommerabende.

## Oktoberfest

Das Münchner Oktoberfest ist weltweit bekannt und gilt als Europas größtes Volksfest. Jährlich treffen sich Millionen Menschen aus der ganzen Welt zur Gaudi auf der »Wiesn«, um im Bierzelt bei Blasmusik Hendl, Steckerlfisch und Bier zu genießen und sich an Schießbuden, Karussels und Achterbahn zu vergnügen. Die Gründung geht auf Bayerns König Maximilian zurück, der an seinem Geburtstag und anläßlich der Vermählung des Kronprinzen Ludwig (dem späteren König Ludwig I. von Bayern) mit der Prinzessin Therese von Sachsen Hildburghausen am 12. Oktober 1810 ein Fest, damals noch ohne Namen, für das Volk ausrichtete. Trachtengruppen, Schützengilden, die Bürgerschaft und das Militär waren so begeistert am Ende der festlichen Tage, daß der Rat der Stadt München mit königlicher Erlaubnis beschloß, alljährlich das Fest im Oktober zu wiederholen. Der Braut zu Ehren wurde die Festwiese nach ihr »Theresienwiese« genannt.

## Oktoberfest zu Hause

Wer im September oder Oktober Anlaß zum Feiern hat, kann seine Gäste auch einmal zum Oktoberfest auf die Wiese im eigenen Garten einladen. Ist die Rasenfläche im Garten auch noch so klein, wenige Requisiten wie weiß-blaue Fahnen, Servietten und Bierkrüge reichen aus, um ein wenig bayerische Oktoberfestatmosphäre entstehen zu lassen. Salzbrezeln, Rettich, Leberkäs, Brathähnchen und bayerisches Bier dürfen natürlich nicht fehlen.

Als Blumendekoration ist jede Blüten- und Blattart der Herbstflora geeignet. Originell sind aber auch flache Blumengestecke kombiniert mit Radieschen, Eiszapfen, kleinen Karotten und anderem Gartengemüse.

## Kirchweihfest

Das Kirchweihfest ist seit dem 9. Jahrhundert bekannt und war in seiner ursprünglichen Form ein kirchlicher Feiertag in Erinnerung an die feierliche Weihe eines Gotteshauses. So hatte jede Gemeinde mit einer Kirche einen eigenen Kirchweihtag. Im Laufe der Jahrhunderte entwickelte

**Linke Seite: In Südtirol werden zum Verkosten des neuen Weines geröstete Eßkastanien aufgetischt.**

**Tischdekoration für ein Oktoberfest zuhause.**

**Wer trägt den schönsten Hut? Das Strohgeflecht ist mit Silberlingen (Lunaria annua) beklebt und mit Efeuranken akzentuiert. Arbeit Silke Pechmann, Quedlinburg.**

sich an diesem Tag ein Jahrmarkt mit kunterbuntem Treiben und allerlei Volksbelustigungen. So war es nicht verwunderlich, daß dieser Tag auf die Zeit nach der Ernte, wenn die Hauptarbeiten beendet waren, verlegt wurde. Seit dem 16. Jahrhundert findet ein allgemeiner Kirchtag in Süddeutschland und Österreich als Kirmes, Kirchmeß, Kirwa, Kirchweih, Kirbe oder Kilbe am dritten Oktobersonntag statt.

Zur Einstimmung der Dorfbevölkerung auf das Fest zog Tage vorher ein »Kirmes-Bitter« von Gehöft zu Gehöft. Spendierfreudigkeit war angesagt und wurde erwartet angesichts voller Scheuern.

Dem guten Essen und Trinken wurde ausgiebig gefrönt und dem geselligen Treiben freier Lauf gelassen. Nicht selten soll sich das Vergnügen bis Mittwoch, ja bis zu einer Woche ausgedehnt haben. Der Kirmeskehraus wurde von allerlei derben Handlungen begleitet. Eine Strohpuppe als vermenschlichte »Kirmes« wurde zu Grabe getragen. Das hölzerne Abbild von Zachäus wurde ebenfalls eingegraben. Er gilt als Schutzpatron des Kirchweihfestes und in seinem Angedenken wird in der Kirche alljährlich aus dem Evangelium die Geschichte vom Zöllner Zachäus vorgelesen.

Zusammen mit der Figur des Zachäus wurden dann mancherorts auch die Relikte des Festes, wie Wein und Naturalien vergraben, um mit dem Ausgraben des »Schatzes« die Kirmestage im Folgejahr einzuleiten.

Wie trostlos die Zeit nach der Kirchweih erschien, bezeugt der Ausspruch: »Ist die Kirbe dann vorbei, gibt es wieder Hirsebrei«.

## Tanzspiel zur Kirmes

Musik und Tanz gehörten zu jeder Kirmes. Dazu erfand man Unterhaltungsspiele mit Musik, Tanz und Gesang, um sich zu amüsieren und die wenigen arbeitsfreien Stunden zu genießen. Zu einem originellen Brauch zählt der Huttanz, der während der Kirmes getanzt wurde. Ein überdimensionaler Hut mit breiter Krempe wurde dazu auf einer Stange hoch oben befestigt. Mit vielen Blütenzweigen und langen Bändern war der Hut zuvor geschmückt worden. Alle Paare umtanzten den Hut solange, bis ein Paar einen mit Blüten besetzten Zweig erwischt hatte und ihn durch die Reihen ringsherum weiterreichte. Damit stieg die Spannung, denn alle warteten auf einen Böllerknall, der das Tanzspiel beendete. Wer den Zweig gerade in der Hand hielt, war Sieger. Als Preis erhielt das Paar den umtanzten Hut, der meistens so groß war, daß er dem Träger über beide Ohren rutschte. Eine Ehrenrunde war dem Siegerpaar ebenso sicher wie ein eßbares Geschenk.

Zur Aufheiterung einer Gesellschaft ist so etwas abgewandelt auch heute denkbar. Auch die Einladung zu einem Fest im Freundeskreis könnte unter das Motto »Wer trägt den schönsten Hut« gestellt werden.

Wie wäre es mit einem Hut aus schuppigen Silberlingen? Das Modell mit der offenen Kopfwölbung aus einem leichten Strohgeflecht kann man kaufen. Die pergamentartigen Scheidewände der Judassilberlinge *(Lunaria annua)* werden schuppenartig übereinanderliegend aufgeklebt. Die Bewunderung auf dem Fest ist der

Trägerin dieses einmaligen Hutmodells sicher. Als Akzent können zusätzlich ein paar grünweiße Efeuranken und Perlen auf den Hutrand geklebt werden.

Der Handel bietet Lunarien als entblätterte oder entschuppte Silberlinge an. Die äußeren Hüllblätter sind dabei in Handarbeit entfernt und das bestimmt den Preis.

## Zwiebelmarkt in Weimar

Der Zwiebelmarkt in Weimar zählt zu den ältesten Marktfesten im Thüringer Land. Erstmals wird ein »Viehe und Zippelmarkt« 1653 in einem Schreiben des Rates der Stadt an den Herzog erwähnt.

Durch die Kriegswirren verlor der Markt an Bedeutung, jedoch war man unter der DDR-Führung bemüht, den Zwiebelmarkt einen Tag lang als eine Art »sozialistisches Erntefest« zu feiern. Seit 1990 wird Weimars Zwiebelmarkt in alter Tradition wieder drei Tage lang um den zweiten Oktobersonntag herum abgehalten. Das bunte Treiben des Marktgeschehens bestimmen Schausteller, Töpfer, Korbflechter, Glasbläser und andere Thüringer Gewerbe bei viel Musik und Eßbuden entlang dem Frauenplan. Aber die Hauptattraktion bilden noch immer die »Zwiebelrispen«, wie die geflochtenen Zöpfe genannt werden.

1992 fertigten die Heldrunger Zwiebelbauern mit 5,14 m den längsten Zopf der Welt an und schmückten damit die Fassade des Weimarer Rathauses.

Es wird berichtet, daß auch schon Johann Wolfgang von Goethe, prominentester Anwohner des Frauenplans, alljährlich Zwiebelzöpfe an die Fenster seines Hauses gehängt hat.

Doch was wäre ein Zwiebelmarkt ohne Zwiebelkuchen. Der Duft ist betörend, heiß und frisch gegessen, zählt er zu den Gaumenfreuden besonderer Art.

Es gibt die unterschiedlichsten Rezepte in vielen Gegenden Deutschlands. Das folgende Rezept stammt aus Thüringen und ist für ein Kuchenblech in der Größe 30×40 cm ausgelegt.

**Zutaten für den Hefeteig**
300 g Weizenmehl
100 g Margarine
100–150 ml Milch
25 g Hefe
1 Prise Salz

**Zutaten für den Brei**
80 g Gries
500 ml Milch
5 g Salz

**Zutaten für den Belag**
1 kg Zwiebeln
100 ml Öl
50 ml Milch
1 Ei
10 g Kümmel
Salz

**Zubereitung**
Zuerst wird der Hefeteig angesetzt und eine Stunde zum Gehen warm gestellt. In der Zwischenzeit werden die geschälten Zwiebeln klein geraspelt und mit Öl und Salz glasig angeschmort, ohne sie anzubräunen. Danach wird der Brei gekocht und zum Abkühlen beiseite gestellt. Anschließend wird der Teig auf dem Backblech ausgerollt und sollte nochmals etwas gehen. Danach wird der Brei aufgestrichen und die Zwiebeln werden darauf verteilt.

Ei und Milch werden verquirlt und über den Belag gegossen und Kümmel darübergestreut. Bei 200 °C auf mittlerer Schiene ungefähr 30 Minuten backen. Frisch vom Blech schmeckt der Zwiebelkuchen am besten.

## Der Zwiebelzopf

Damit die Zwiebeln vor der Ernte gut ausreifen, werden die grün aufschießenden Zwiebelblätter im Spätsommer einfach umgeknickt. Nach der Ernte legt man die Zwiebeln zum vollständigen Abtrocknen für einige Tage in die Sonne und bewahrt sie dann in einem kühlen, luftigen Raum auf.

Schon vor Hunderten von Jahren waren geflochtene Zwiebelzöpfe eine platzspa-

**Binden eines Zwiebelzopfes. Anleitung im Text unter der Zeichnung.**

**Rechte Seite: Almabtrieb im Berchtesgadener Land. Viele Stunden verbringen die Sennerinnen mit der Herstellung des traditionellen Kuhschmucks.**

rende und gute Art der Lagerhaltung. Wer einen Zopf selbst herstellen möchte, muß schon während der Trocknung darauf achten, daß die Blattröhren nicht vollständig eintrocknen und zu brüchig werden. Wer neben den hellbräunlichen Zwiebeln noch lilafarbene und weiße Sorten angebaut hat, kann damit farbliche Spielereien betreiben.

Ein Stück starker Bindfaden, Wäscheleine oder Kokosstrick wird zu einer Schlaufe von 50–100 cm Länge zusammengeknotet und an einen Haken gehängt. Im unteren Bereich der Schlaufe wird die angetrocknete Zwiebelblattrolle mit der ersten Zwiebel eingeknüpft.

Die zweite Zwiebel wird mit den Blättern unter und über den beiden Strängen der Schnur geführt. Die dadurch entstandene Knotung muß festsitzen und die Zwiebel dicht auf der ersten liegen.

Im weiteren Aufbau des Zopfes wird immer eine Zwiebel von links und von rechts eingeflochten. Alle Zwiebeln sollten wegen der gleichmäßigen Gewichtsverteilung, eine einheitliche Größe haben. Je nach eigener Kreativität kann man unten zwischen den Zwiebeln einen rustikalen Bandschmuck anbringen oder oben die Aufhängung mit Bändern verzieren.

## Der Zwiebelkranz

Ein Schmuck ganz besonderer Art für die Küche ist der Zwiebelkranz. Seine Anfertigung ist sehr einfach und schnell, wenn man sich einen fertigen Kranzkörper im Handel besorgt.

Geeignet sind Kränze aus luftigem, aber festem Zweiggerank, beispielsweise Olivenholz, Rebholz oder aus verschlungenen Ginsterzweigen.

Instabil darf der Kranzkörper auf keinen Fall sein, da die Zwiebeln nicht so leicht sind wie Mohnkapseln, andere Fruchtstände oder Trockenblumen, die meistens bei Wandkränzen verwendet werden.

Besonders interessant sieht ein Zwiebelkranz mit violetten, braunen und weißen Küchenzwiebeln aus. Statt der weißen Zwiebeln kann man auch Knoblauch verwenden. Bei Verwendung kleinerer Zwiebeln bleibt die Kranzform besser erhalten.

Das ideale Hilfsmittel für die Befestigung der Zwiebeln auf dem Kranzkörper ist Heißkleber, denn bei Bedarf läßt sich jede Zwiebel leicht vom Kranz abnehmen und verwenden.

Denkbar zur Befestigung ist auch der Einsatz von Draht, zumal er sich leicht durch die fleischige Zwiebel schieben läßt. Doch dann sind die Zwiebeln für den Verzehr nicht mehr verwendbar. Bei aller Kreativität sollte der Respekt vor Nahrungsmitteln gewahrt bleiben.

## Kuhglocken läuten den Almabtrieb ein

Während der Viehauftrieb zur Sommerweide meist ohne viel Aufsehen erfolgt, wird in der Alpenregion die Heimkehr der Tiere in den Winterstall als großes Ereignis gefeiert. Es findet meistens am 16. Oktober, am Tag des heiligen Gallus, statt. In wärmeren Bergregionen verschiebt sich das Ereignis bis zum Martinstag.

Die Tiere werden liebevoll herausgeputzt mit aufwendigem Kopfschmuck, breiten Lederhalsriemen, Glocken und Schellen. Der farbenprächtige Schmuck soll Ausdruck der Freude und Dankbarkeit für ein gutes Weidejahr sein. Allen voran führt der Kuhbub zusammen mit der prächtig herausgeputzten Leitkuh die Herde zu Tal. Die Sennerin und der Senner bilden das Schlußlicht und werden zusammen mit ihren Kühen, Jungtieren und

Kürbisfest in Muggendorf, Fränkische Schweiz. Auf diesem Riesenkürbis entsteht ein fränkischer Bauer.

Ochsen von der übrigen Dorfbevölkerung mancherorts sogar mit Böllerschüssen begrüßt.

Das Kranzzeug der Leitkuh, der Stirnschmuck, die Halfter oder Hörnerkränze sind regelrechte Kunstwerke, bestehend aus den Blumen der Almwiesen, zusammen mit Fichten- und Latschenkiefernzweigen, ergänzt durch Schleifen, bunte Bänder, Streifen und Rosetten aus Papier und Hobelspänen.

Larven aus Sackleinen, geschmückt mit Spiegelstückchen und Schellenriemen, sind Relikte aus Zeiten, in denen man glaubte, Unholde würden die Herde zu Tal verfolgen. Mit diesem Tarnschmuck meinte man, die Tiere unsichtbar machen zu können und die bösen Geister zu verwirren oder zu vertreiben.

## Kürbisfeste

Am 31. Oktober findet alljährlich in den Vereinigten Staaten, in England, aber auch teilweise in Deutschland das Halloweenfest statt. Der Name »Halloween« heißt soviel wie »Allerheiligen Vorabend« und wurde aus dem Altenglischen »All Hallows Evening« abgeleitet. Schon die Kelten läuteten am 31. Oktober mit Schabernack und viel Getöse das nach ihrem Kalender neu beginnende Jahr ein, um die bösen Geister durch Lärm zu vertreiben.

Auch bei den Angeln und Sachsen gab es ein ähnliches Fest zur Begrüßung des neuen Jahres. Früher glaubte man in dieser Nacht dürften alle bösen Geister bis Mitternacht spuken, um dann von den Heiligen vertrieben zu werden. Heute sind es die Kinder, die abends ihr Unwesen treiben, indem sie als Hexen, Gespenster oder Zauberer verkleidet von Haus zu Haus ziehen und mit dem Ruf »Trick or Treat« (Schabernack oder Süßes) um allerlei Leckereien bitten.

Jahr für Jahr werden Mitte September in Offenburg, genauer gesagt im Vorort Windschläg, Kürbisse und Kalebassen aller Spielarten für das Kürbisfest herangezogen. Jeder kann an dem Kürbiswettbewerb teilnehmen. Phantasievolle Gesichter entstehen, ja sogar lustige Figuren mit Bekleidung, bunter Bemalung, Hüten und Haaren. Der originellste und schönste Kürbis wird mit einem Pokal ausgezeichnet. Zum Fest werden alle Kürbisse entlang der Dorfstraße aufgestellt und von nah und fern kommen Besucher, um die kurzlebige Kürbisparade zu bewundern.

Auch Muggendorf in der Fränkischen Schweiz ist durch sein Kürbisfest bekannt. Wahre Kunstwerke entstehen dort. Selbst im Werkunterricht in der Schule wird mit Eifer das Kürbisschnitzen betrieben.

### Kein Halloween ohne ausgehölte Kürbisse

Wer kennt nicht die ausgehöhlten Kürbisse, durch deren ausgeschnitzte Gesich-

ter der Kerzenschein warmorange scheint und die doch in der Dunkelheit leicht gespenstische Züge aufweisen?

Im Laufe der Jahre sind diese Lichtspender zum Sinnbild von Halloween geworden. Als Dekoration in der Wohnung, auf dem Balkon oder im Garten kann so eine Gesichterleuchte Aufsehen erregen. Ihre Herstellung ist leicht zu bewerkstelligen. Wer keinen eßbaren Kürbis zur Verfügung hat, kann einen ähnlichen Effekt auch mit den kleinen Zierkürbissen, mit Orangen oder Steckrüben erzielen.

Egal für welche Frucht man sich entscheidet, das Prinzip der Herstellung ist immer dasselbe, wobei Zierkürbisse und Steckrüben nicht ganz so leicht auszuhöhlen sind. Als erstes wird das obere Drittel mit einem scharfen Messer gerade abge-

**Eine Kürbislaterne entsteht.**

**Mit einer Kerze im Innern leuchtet die Laterne im Dunkeln gespenstisch.**

**Stolz schieben die Kinder ihren geschmückten Wagen zum Kürbisfest.**

trennt. Optimal ist es, wenn an der Kürbisfrucht noch der Stengelansatz vorhanden ist, dann sieht später der Kürbisdeckel wie eine flache Baskenmütze aus und läßt sich leicht am Stielende anheben.

Mit einem Eßlöffel beginnt man nun das Fruchtfleisch herauszuschälen, was auch gar nicht so schwierig ist. Die Kürbiskerne können getrocknet für Ketten verwendet werden, oder man nimmt sie zum Verzehr und zur neuen Aussaat im nächsten Frühjahr. Aus dem Kürbisfleisch kann man schmackhafte Suppen, Gemüse oder sogar Kuchen bereiten.

Ist der Kürbis ausgehöhlt, kann man je nach Phantasie Augen, Nase und Mund als geometrische Formen herausschneiden. Ein spitzes, scharfes Küchenmesser ist ebenso dafür geeignet wie ein Teppichschneidemesser oder eine Klingenschneide. Den Kürbisdeckel befreit man teilweise vom weichen Fleisch, ohne jedoch dabei seine Stabilität zu gefährden. Das gilt übrigens auch für das Kürbisgesicht, denn wenn man zuviel Fruchtfleisch herausschält, wird die Form instabil. Damit nun die lustige Fratze auch standfest bleibt, setzt man sie auf einen breiten Ring, auf eine Schale oder auf die Öffnung eines Tontopfes. Ist diese Vorarbeit geschafft, stellt man in den Innenraum ein Teelicht, legt den Deckel wieder obenauf und dann gilt es, auf die Dunkelheit zu warten und das Licht anzuzünden. Das erleuchtete Kürbisgesicht wird seine Wirkung nicht verfehlen.

## Zierkürbisse und was man damit machen kann

Verwandte der großen Speisekürbisse sind die kleinen Zierkürbisse *Cucurbita pepo*, von denen es über 300 Sorten gibt. Sie gefallen durch ihre farbliche Musterung ebenso wie durch ihre glänzend glatten oder warzenbesetzten Oberflächen.

Auf Herbstmärkten vieler Gemeinden, Wochenmärkten und in Blumengeschäften lassen sich flaschen- bis birnenförmige teller- und apfelförmige Sorten finden.

Wer sich lieber überraschen läßt und über ein Stückchen Garten verfügt, kann Zierkürbisse selbst ziehen. Die Vorkultur ab März auf der sonnigen, hellen Fensterbank ist zu empfehlen. Nach den Eisheiligen, also ab Mitte Mai, können die Jungpflanzen ins Freiland gepflanzt werden. Sie bevorzugen einen sonnigen Standort und durchlässige Erde. Die Triebe bringen es bei optimalen Bedingungen bis zu einer Länge von 10 m, und ein Zaun eignet sich besonders gut als Rankgerüst.

Vollreif werden die Früchte geerntet, dabei muß die Schale gut durchgehärtet sein. Alle Erdreste sind gründlich zu entfernen und die Kürbisschale ist trocken zu reiben. Leider hält die farbenfrohe Pracht in normaler Zimmerluft oft nicht lange an, denn leicht verschimmeln oder verfaulen die Früchte. Nur selten trocknen Exemplare von innen heraus und behalten dann das ganze Jahr über ihren Zierwert.

Ein Teil der Restfeuchte läßt sich durch mehrere Stopfnadeleinstiche rundherum aus der Kürbisfrucht herausziehen, nachdem sie zuvor ein paar Tage bei Zimmertemperatur vorgetrocknet wurde. Kleine Zierformen kann man über Nacht bei einer Temperatur von 50 °C im Backofen trocknen. Eine längere Haltbarkeit soll das Einreiben mit farblosem Bohnerwachs bewirken. Allerdings ist diese Behandlung nicht zu empfehlen, wenn die Zierkürbisse zusammen mit eßbaren Früchten in einer Schale dekoriert werden sollen.

## Lustige, kleine Zierkürbisgesichter

Frische Zierkürbisse können Leute in jedem Alter zum Fratzenschneiden verführen. Die Herstellung eines Kürbisgesichts ist im Prinzip die gleiche wie bei den Riesenkürbissen. Der wesentliche Unterschied besteht darin, daß man mit den kleinen Kürbissen sehr schnell zum Ziel gelangt und daß diese nach dem Aushöhlen nicht so instabil sind wie ihre großen Artgenossen.

Der abgeschnittene obere Kürbisstiel oder Deckel kann als Hütchen weiterverwendet werden.

Stroh, Heu, Grashalme dienen als Haarschopf, sogar Zöpfe lassen sich flechten. Beeren von Hagebutten und Zieräpfelchen sind als Augen oder als Knöllchennase geeignet, wenn man diese Teile nicht aus dem Kürbis ausschneiden möchte. Nimmt man als Nase eingetrocknete Früchte der Zierpaprika *(Capsicum annuum)*, erhält man statt der Stupsnase eine spitze Nase. Ein kleines Stückchen Stoff ergibt ein Halstuch, kleine Blüten und Früchte zieren den Kürbishut.

Alle Gestaltungsmittel können am schnellsten mit dem Heißkleber befestigt werden. Früchte lassen sich auch mit Hilfe eines kurzen Drahtstückes in der frischen, noch nicht ganz durchgehärteten Schale der Zierkürbisse verankern.

**Auch ein Kürbisgesicht aus einem kleinen Zierkürbis verfehlt seine Wirkung nicht. Arbeit Celina Liszka, Wolfsburg.**

Wenn man in den Kürbisgrund einen angespitzen Stab schiebt und die Stelle mit etwas Klebstoff sichert, läßt sich der Kürbiskopf leicht in einen festen Untergrund stecken. Es ist empfehlenswert, in der Kürbisschale mit dem Handbohrer ein kleines Loch vorzubohren, dann läßt sich das Holzstückchen leichter einschieben.

An längeren Stäben können solche Köpfe als kleine Empfangsboten vor der Haustür aufgestellt werden. Der Stab kann in ein mit Steckmasse gefülltes und mit Moos abgedecktes Gefäß gesteckt werden oder zwischen die Blumen einer Pflanzschale. Mit kürzeren Stäben kann der Kopf auf einen Steckigel gespießt und zwischen Laubblättern, Potpourris oder einem gesteckten Arrangement als Tischdekoration bei einem Kinderfest dienen.

# Legenden ranken sich um Heilige

## 3. November – Großes Halali am Hubertustag

»Auf, auf zum fröhlichen Jagen...«, so könnte der Liederanfang als alljährliche Aufforderung zur Hubertusjagd klingen. Mancherorts ist dieses Jägerfest ein großes gesellschaftliches Ereignis mit Jagdessen und Jägerball als Abschluß der Treibjagden. Aber oft wird mit einer geladenen Jagdgesellschaft auch im kleineren Kreis traditionsgemäß gefeiert. Höhepunkt ist immer ein aufwendiges Jagdessen, bei dem auch ein üppiger Tischschmuck nicht fehlen darf.

**Geschmückte Jagdtasche zum Hubertusfest.**

Im Gedenken an den heiligen Hubertus hat sich seit dem Mittelalter die Tradition der Hubertusmesse erhalten. Die Jäger erscheinen nur selten noch mit Waffen und Hunden in der Kirche, stattdessen sind heute Falken und der Bläserchor der Jägerschaft fester Bestandteil einer Messe. Doch was hat Hubertus mit der Jagd zu tun?

Der 3. November ist der Tag des heiligen Hubertus. Sein Geburtsjahr wird um 655 datiert. In der Nähe von Brüssel ist er im Jahre 727 gestorben. Der Legende nach soll der Sohn des Herzogs Bertrand von Toulouse ein wilder Jägersmann gewesen sein, bis ihm eines Tages ein Hirsch mit einem goldenen Kreuz zwischen den Geweihstangen erschien. Durch diese Begegnung erkannte er das Tier als Geschöpf Gottes und entsagte von nun an der Jagd und wandte sich dem geistlichen Leben zu. Er wurde Bischof von Tongern-Mastricht und später Bischof von Lüttich.

Aus dieser Begebenheit leiten die Jäger für sich das oberste Gebot der jagdlichen Ethik ab, das sich im folgenden Gedicht ausdrückt:

*Das ist des Jägers Ehrenschild*
*Daß er beschützt und hegt sein Wild.*
*Waidmännisch jagt, wie sichs gehört*
*Den Schöpfer im Geschöpfe ehrt.*

(Riesenthal 1848)

## Tischschmuck zu Hubertus

Ein Spaziergang durch den herbstlichen Wald oder Park bietet die Gelegenheit Wurzeln, Borken, Moosstückchen, Flechten, Blätter und bizarr gewachsenes Zweigwerk für eine Dekoration zu einem Jagdessen zusammenzutragen.

Tischschmuck aus einem herbstlichen Sammelsurium vom letzten Waldspaziergang.
Arbeit Sylvia Zobel, Braunschweig.

Beerenzweige von Schlehen oder Heckenrosen, einige Kiefernspitzen sowie Fichtenzweige, Zapfen, Bucheckern, Eicheln, Kastanien und Ahornschoten runden das reichhaltige Naturangebot ab. Es genügt, alles nur in Maßen zu sammeln, denn weniger wirkt oft interessanter als übermäßige Üppigkeit. Das herbstliche Sammelsurium wird dann auf ein rustikales Holzbrett, ein Tablett oder auf eine flache Schale in bräunlichem Farbton gelegt und ineinander verschachtelt. Die Unterlage sollte wasserundurchlässig sein, da Moose und Wurzelstücke Feuchtigkeit gespeichert haben.

Ob kleine Gehörne von Spießern oder ein künstlicher Fasan mit echtem Federkleid als Stimmungsträger in die Jagddekoration integriert werden sollen, ist vom persönlichen Geschmack abhängig. Sollte der Arbeitseifer beim Sammeln doch zu groß gewesen sein, kann man den Überschuß einfach auf flache Teller legen und mit Efeuranken oder einigen Ilexblättern ergänzen. Die gefüllten Teller mit den verschiedenartigen Fruchtformen sind eine schlichte, stimmungsvolle Ergänzung der herbstlichen Atmosphäre im häuslichen Bereich. Gleichzeitig lassen sie sich als unkonventionelle Tischdekoration verwenden und sind selbst nach Wochen noch reizvoll anzusehen, auch wenn alles schon ein wenig geschrumpft ist.

Wenn es dann einen Hasenrücken oder einen Wildschweinbraten zur Feier des Tages gibt, ist der herbstliche Schmuck die passende Ergänzung zum kleinen Jagdessen.

## Taschenschmuck zum Jagdessen

Traditionsgemäß lädt der Jagdherr nach einer erfolgreichen Jagd die Jagdgesellschaft zum gemeinsamen Abendessen, auch Schüsseltreiben oder Knödelbogen genannt. Pfiffig und witzig ist es, dazu eine geschmückte Tasche zu tragen. Auf einem Stückchen Baumrinde von der Platane werden mit einem dünnen Zierdraht lange Ähren vom Sauerampfer, Vogelbeeren, Fruchtstände von ausgeblühten Wildrosen, Ahornflügel und die Unterschalen von Eicheln festgedrahtet. Ein paar grünweiß gestreifte, schmale Blätter umspielen den Sauerampfer schwungvoll und lösen die Starrheit auf. Kleine, goldene Drahtkugeln lassen sich schnell in der Hand rollen, wenn man zuvor ausreichend Zierdraht locker zusammengeknüllt hat. Diese glänzenden Gebilde verleihen dem Taschenschmuck festlichen Glanz.

Für den Leonhardiritt geschmücktes Pferd.

Leonhardistrauß für den Pferdefreund.

Die Drahtumwicklungen, die den Taschenlederriemen und die Stielenden verbinden, sorgen dafür, daß der Schmuck nicht umkippt und haben gleichzeitig eine schmückende Wirkung. Der Lederriemen ist übrigens so über den Schmuck gelegt, daß die Tasche trotzdem geöffnet werden kann.

## 6. November – Festtag des heiligen Leonhard

Die Legende erzählt von wundersamen Taten des heiligen Leonhard. Er soll der Gemahlin des Frankenkönigs Chlodwig geholfen haben, ein Kind zur Welt zu bringen. Dafür erbat er vom König die Freilassung unschuldiger Gefangener. Aus diesem Grund gilt er als Patron der Gebärenden und Schutzherr der Gefangenen. Bildliche Darstellungen zeigen den Heiligen mit Kettenfesseln in der Hand.

Wie allerdings der fränkische Heilige, der im 6. Jahrhundert als Abt in einem Kloster bei Limoges lebte, das heute unter dem Namen St. Leonhard bekannt ist, zum Schutzpatron der Pferde und der Bauern wurde, ist nicht nachweisbar. Wohl aber belegt eine Legende den Ursprung der Leonhardiritte und Leonhardifahrten, wie sie seit dem 17. Jahrhundert in vielen bayerischen Gemeinden und in Österreich bis heute jedes Jahr veranstaltet werden.

Nach einer Sage aus dem Pinzgau, im Salzburgischen, soll eine verhexte Stute zwei sehr schöne, aber ebenfalls verhexte Fohlen geworfen haben, die alles Pflanzliche von den Feldern verschlangen und dadurch die Bauern der Gegend fast ruiniert haben. Wie ein Wunder geschah es, daß der heilige Leonhard durch das Land zog, die Fohlen entzauberte und die Bauern in der Pferdezucht unterwies. So entstand der Sage nach aus den beiden Fohlen die weltberühmte Pinzgauer Pferderasse. Die Pinzgauer und das gesamte Voralpengebiet gedenken des heiligen Leonhard mit Pferdeprozessionen, bei denen die Reiter festlich gekleidet hoch zu

Roß und die Bauern in Festtracht mit geschmückten Pferdewagen zur Pferdeweihe fahren.

Der Leonharditritt um den 6. November hat sich zu einem wichtigen Feiertag für Bayerns Bauern entwickelt. Doch befremdlich wirkt es, wenn sich in manchen Dörfern mangels Pferden heute Traktoren und Autos in den traditionellen Umritt einreihen.

Zu diesem Festtag putzen die Bauern ihre Pferde besonders heraus. In Mähnen und Schweife werden Blüten geflochten und das Fell wird auf Hochglanz gestriegelt. In Festtracht ziehen die Dorfbewohner vor die Kirche zur Pferdeweihe. Danach werden die Pferde versorgt. Unter ihre Futterration wird an diesem Festtag das Leonhardibrot gemischt, um den Tieren den Segen zu bringen, der sie vor Krankheit und Unheil bewahren soll. Die Bauersleute und ihre Gäste treffen sich anschließend im Gasthaus oder privat zu einem Festessen.

## Der Leonhardistrauß für den Pferdefreund

Für die Einladung zum Leonhardifest oder einfach nur als Geschenk für den Pferdeliebhaber kann diese ausgefallene Straußkomposition als Anregung genommen werden.

Der Jahreszeit entsprechend bieten sich typische Herbstblumen und immergrüne Laub- und Nadelgehölze an. Anstatt gut besetzter Fruchtzweige sind für den Pferdefreund Mohrrüben, getrocknete Apfelscheiben und Getreidehalme geeigneter.

Ob alle aufgezählten Gestaltungsmittel verwendet werden sollen, liegt in der eigenen Entscheidung und der Möglichkeit, alle Materialien beschaffen zu können. Der Strauß soll lediglich zur Anregung dienen, und wenn er dann noch das Reiterherz erfreut, hat es sich gelohnt, diese Idee umzusetzen.

### Material

- 1 Bund Mohrrüben mit Kraut
- 1 Bündel Hafer
- 2 Äpfel mit durchgezogenem Band als Aufhängung
- 1 Hufeisen mit Bastfadenaufhängung
- 1 lange Efeuranke
- 2 Stiele Mahonie oder Ilex
- 1 Halfter und Reitgerte
- 1 Kette aus Pellets (auf Wickeldraht gefädelt)
- 1 Rolle Wickeldraht
- 1 Packnadel

### Anleitung

Das Bund Hafer und die Mohrrüben werden in Schräglage, wie es auf der Abbildung zu erkennen ist, fest miteinander verbunden. Dazu ist der Wickeldraht bestens geeignet. Das an mehreren Naturbastfäden angeknotete Hufeisen wird mit einer dicken, sichtbaren Knotung über die Drahtwicklung gesetzt und soll lang nach unten hängen.

Mit einem weiteren Bastfaden werden die pflanzlichen Gestaltungsmittel und die anderen Requisiten über die vorhandene Bastbindung geknotet. Das sieht rustikal aus und ist recht unkompliziert.

Die Äpfel können mit einer Packnadel auf das Band gefädelt werden. Die Äpfel sitzen jeweils auf einer angeknoteten Schleife, damit sie nicht abrutschen können.

# 11. November – Martinstag

Viele Bräuche und Legenden ranken sich um den Namenstag des Heiligen Martin. Ungeklärt wird es immer bleiben, wie und warum ausgerechnet die Gans mit diesem Tag in Verbindung gebracht wurde. Fest steht allerdings, daß Umzüge, die Verkündigung der Martingsgeschichte und das Gänsebratenessen bis heute den Martinstag lebendig gehalten haben.

Der 316 n.Chr. in Ungarn geborene Martinus wurde in Italien zum Kriegsdienst erzogen. Als römischer Offizier traf er bei einem nächtlichen Ritt vor den Toren von Amiens (Frankreich) auf einen frierenden Bettler. Aus Mitleid mit ihm teilte er seinen Wintermantel in der Mitte und gab

Martinsgerte aus Birkenzweigen, Hagebutten, Eichenlaub, Weizenähren und weißen Gänsefedern.

die eine Hälfte dem Fremden. Diese Tat gilt bis heute als Sinnbild christlicher Barmherzigkeit. 334 n.Chr. wendete er sich vom Heidentum ab und ließ sich taufen. Er wurde Priester, später Bischof von Tours und erfolgreicher Missionar in Gallien. Er starb im Jahr 400 n.Chr., doch er lebt in den überlieferten Legenden weiter, beispielsweise in der Legende um die Martingsgänse: Martin soll sich aus Scheu vor der Ernennung zum Bischof in einem Gänsestall versteckt haben. Doch das aufgeregte Geschnatter der Gänse hat ihn verraten. Eine andere Legende berichtet, Martin habe einer Gans das Leben gerettet, die von einem Wolf bedroht wurde. In einer anderen Überlieferung ist von Martins Groll auf die Gänse die Rede, da er sich durch die Schnatterei der Gänse bei seiner Predigt regelmäßig gestört fühlte.

## Martinstag in der Landwirtschaft

Im bäuerlichen Arbeitsjahr gilt der Martinstag als Abschluß der Feldarbeit. Die Ernte mußte bis dahin eingebracht und das Vieh von der Weide getrieben sein. Hausschlachtungen und die Weinlese wurden bis zu diesem Termin erledigt, aber vor allem mußte der Pachtzins für das abgelaufene Jahr, meist in Form von Naturalien, bezahlt werden. Es war auch der Tag, an dem dem Lohngeber ein Stellungswechsel vorgetragen wurde. Nicht selten erhielten die Knechte und Mägde zum Lohn noch den »Martinstaler« oder eine »Martinsbrezel« als Wegzehrung.

Auf dem Speiseplan standen neben dem selbstgegorenen Martinswein auch die gebratenen Martinsgänse. Die Gänse waren nach einem Sommer auf der Weide schlachtreif und mußten geschlachtet werden, da für Gänse im Stall kein Platz und die Körnerfütterung des Federviehs viel zu teuer war. In Böhmen soll es üblich gewesen sein, daß der Großknecht und die Großmagd je ein Bein von der Gans zu essen bekamen, damit sie das ganze Jahr über tüchtig laufen und arbeiten konnten. Dagegen erhielt das jüngere Gesinde je einen Flügel, damit es bei der Arbeit stets beflügelt sein möge. Aus der Farbe des übriggebliebenen Brustbeins ließ sich ein Wetterspruch ablesen: »Ist das Brustbein braun, wirst du warmes Winterwetter schaun, ist es aber weiß, gibt es Schnee und Eis«.

Der Dorfhirte bekam zu Martini seinen Hütelohn von den Bauern. Er überreichte seinerseits dem Bauern eine Martinsgerte mit einem Segenswunsch für das Vieh. Insgeheim verknüpfte er damit auch seinen eigenen Wunsch nach ausreichendem Lohn.

Die Gerten bestanden aus Wacholderzweigen, Hasel- oder Birkenruten zusammen mit Eichenlaub und der »Howurzel«, das sind Hagebutten. Er zog von Hof zu Hof, sagte seinen Spruch auf und bat den Bauern, die Martinsgerte bis zum Frühjahrsaustrieb aufzubewahren. Und da-

Der Riesenkürbis ist viel zu schade zum Essen.
Arbeit Gregor Lersch, Bad Neuenahr.

mit der Lohn gut ausfallen möge, wünschte der Hirte dem Bauern so viele Kälber wie Hagebutten oder Wacholderbeeren an der Martinsgerte saßen. Damit ist ein deutlicher Fruchtbarkeitshinweis in diesem Brauch versteckt, ähnlich der Palmweihe zu Ostern.

## Martinsgerte

Die ursprünglich für die Martinsgerte verwendeten Zweige kommen unserem Bedürfnis nach naturnaher Gestaltung sehr entgegen. Eine solche Gerte kann man heute über dem Eßtisch oder am Fensterkreuz aufhängen als Schmuck zu einem Gänsebratenessen.

**Material**
- Zweige von Wacholder, Haselnuß, Birke
- Eichenlaub
- Zweige mit Hagebutten
- einige Weizenähren
- weiße Gänsefedern
- Band
- Goldspray

**Anleitung**
Die Zweige werden zusammengenommen. Um der Gerte mehr dekorativen Charakter zu geben, wird sie durch Bündel von Weizenähren Bandschmuck und Federn ausgeschmückt. Die Ähren werden vorher mit Goldspray besprüht. Zur Weihnachtszeit können Zapfen, Goldkugeln und ein mattfarbenes Goldband hinzugefügt werden.

# Herbstblumen

## Sonnenblumen und Topinambur

Die Sonnenblume ist nicht nur als Schnittblume bekannt und beliebt, auch in der Küche wird das Sonnenblumenöl wegen seines hohen Anteils an Linolsäure gern verwendet. Das Öl wird aus den Samen gewonnen, wobei ein großer Blütenstand bis zu 2000 Samen tragen kann. Der Anbau von Sonnenblumen hat bei uns in den vergangenen Jahren stark zugenommen, und goldgelb leuchtende Sonnenblumenfelder prägen heute in vielen Gegenden die hochsommerliche Landschaft.

*Helianthus annuus* wächst als einjährige Pflanze und ist im Garten einfach zu ziehen. Neuerdings werden gefüllte Sorten auch als Topfpflanzen angeboten.

Wer nicht jedes Jahr neu aussäen möchte, um die »Kinder der Sonne« zu erleben, kann auch eine der mehrjährigen Sonnenblumenarten pflanzen. Sie sind kleinblütiger, aber dafür vielblütiger und dankbare Schnittblumen vom Sommer bis zum Herbst.

Vielen Gartenbesitzern bekannt und wegen ihrer raschen Verbreitung leicht zur Plage werdend, ist der Topinambur, *Helianthus tuberosus*. Er bringt kleine, weniger attraktive Blüten hervor und wird oft über 2 m hoch. Er besitzt eßbare Knollen, deshalb auch Erdbirne, Süßkartoffel oder Knollensonnenblume genannt. Die Pflanze ist so zäh, daß den Knollen Wintertemperaturen von –30 °C nicht schaden.

Die Knollen schmecken leicht süßlich bis nußartig und werden wie Kartoffeln geschält, gekocht oder gebraten und als Beilage serviert. Auch als Rohkostsalat sind sie zu empfehlen, da sie einen hohen Vitamingehalt haben.

**Ein ungewöhnliches Arrangement, das viel Freiraum um sich braucht, um ganz zur Wirkung zu kommen. Arbeit Helga Kilian, Meine.**

Die Sonnenblume blüht je nach Aussaat von Juli bis Oktober. Vor allem in den Herbsttagen, wenn das Laub der Bäume sich in seinem farbenfrohen Kleid zeigt, hat man den Wunsch, auch noch den Sonnenschein festzuhalten. Und welcher Blume könnte das unter der ganzen Blumenpracht besser gelingen, als der Sonnenblume?

## Es war einmal eine Sonnenblume

In der hier beschriebenen Gestaltung ist aus der großen, stolzen Sonnenblume ein Trockenblumenarrangement geworden. Nach der Blütezeit, wenn alle Blütenblätter längst abgefallen sind und die Vögel aus dem wabenartigen Netzsystem der Sonnenblumenmitte alle Samen herausgepickt haben, offenbart sich uns ein kleines Wunder der Natur.

Im abgebildeten Beispiel wurde der trockene Blütenstand farblich verändert und mit einem dekorativen Schmuckrand umgeben. Die Veränderungen haben aber die wesentlichen Merkmale der Trockenform erhalten. Mit diesem Beispiel soll gezeigt werden, welche unerschöpflichen und vielfältigen Möglichkeiten es gibt, aus einem schlichten Blütenstand eine dekorative Gestaltung zu zaubern.

**Material**

- Fruchtstand einer Sonnenblume, etwa 20 cm Durchmesser
- flacher Teller, mindestens 10 cm größer als die Sonnenblume
- 1 m blaues Juteband oder anderes, farblich passendes, rustikales Band, etwa 6 cm breit
- 1 kleines Bündel Lavendelblüten
- 2 Bündel kurze Lavendelstengel
- Orangenscheiben, Platanenkugeln, Zapfenschuppen, Kapseln von Jungfer im Grünen (*Nigella damascena*), Peperoni, Ginkgoblätter, flache Scheiben mit und ohne Loch aus schnell trocknendem Terrakottaton
- 1 Rolle blauer Zierdraht (oder blaue Wolle)
- Heißklebepistole oder anderer Kontaktkleber
- Sprühfarbe in Gold und Blau

Die aufgeführten Schmuckmittel sind nur ein Vorschlag. Es können auch Hagebutten, Eicheln, Kastanien und vieles andere verwendet werden, dann allerdings müssen die Farben von Band und Sprühlack darauf abgestimmt werden.

**Anleitung**

Der Fruchtstand wird mit einem Hauch aus der Spraydose sanft vergoldet. Unauffällig und keineswegs aufdringlich muß der Goldauftrag sein. Die Farbe trocknet sehr schnell und anschließend werden zwei blaue Kreise darüber gesprüht, die

**Oben: die im Text beschriebene Gestaltung. Arbeit Elke Ahrens, Meine.**

**Unten: ein farblich auf die Keramikschale abgestimmtes Arrangement mit Ebereschenbeeren, Chilischoten und Hagebutten. Arbeit Florist Klein, Darmstadt.**

Sonnenblumen in der Zinkkanne, ein einladender Herbstschmuck vor der Haustür.

wie ein spiralförmig verlaufendes Farbband aussehen. Dadurch wird auf dem Fruchtstand eine kreisende Bewegung erkennbar, die das Auge rundum zum Schalenrand hinführt.

Der Fruchtstand wird an einigen Stellen mit Klebstoff auf dem Teller fixiert. Anschließend kann das Band mit lockeren Windungen und Drehungen um den Fruchtkörper geschlungen werden. Die kleinen Trockenfrüchte werden dazwischen und um den Bandschmuck angeordnet. Falls erforderlich, sind sie mit wenigen Klebepunkten anzuheften. Die Bündelungen aus Lavendel und Stengelabschnitten durchbrechen mit ihren geraden Linien die ausschließlich runden Gestaltungselemente.

## Sonnenblumen in der Kanne

In große Gefäße werden oft recht lieblos nur mehrere Schnittblumen gleicher Art und gleicher Länge gestellt. Es fehlen abfließende, ausschwingende, seitlich herauswachsende und senkrecht emporwachsende Bewegungsformen, die eine Gestaltung vollendet und harmonisch erscheinen lassen. Der Blick hat dann viele Bewegungen zu verfolgen und kann den Vasenschmuck nicht sofort in einem kurzen flüchtigen Hinschauen erfassen.

Diese herbstliche Zusammenstellung soll Anregung sein, einmal wieder eine Bodenvase, wie sie vor Jahren beliebt waren, eine große Kanne oder einen Bottich aus der Ecke zu holen und mit wenigen Blüten, mit interessant gewachsenen Frucht- und Blätterzweigen sowie langen Gräserrispen zu einer Renaissance zu verhelfen.

Eine alte Kanne aus Zinkblech (im abgebildeten Beispiel) fristete jahrelang im Gartenschuppen ihr Dasein. Zum Wegwerfen konnte sich niemand entschließen, obwohl sie eigentlich nie benutzt wurde, weder als Gießkanne, noch als Blumenvase. Durch die Herbststraußfüllung vor der Haustür ist sie aufgewertet worden und man kann sicher sein, sie landet vorerst nicht im Sperrmüll.

### Material

- 7 Stiele Silberfahnengras (*Miscanthus sacchariflorus* 'Robustus') oder Chinaschilf (*Miscanthus sinensis*)
- 2 großblumige, einjährige Sonnenblumen
- mehrere Zweige von der Felsenbirne *(Amelanchier laevis)*
- 1 großer Zierapfelzweig mit gutem Fruchtbesatz, möglichst mit abfließender Bewegungsrichtung
- mehrere Rispen des Traubenholunders *(Sambucus racemosa)*
- mehrere Zweige von der Bartblume *(Caryopteris incana)*

### Anleitung

Da dieser Kannenschmuck an einer Wand, hier vor dem Hauseingang steht, kann er eine betonte Vorderansicht erhalten. Die Rückseite wird nur mit wenigen Arten gestaltet, die aber auch nach hinten ausschwingen müssen, damit die Gestaltung nicht flach wirkt.

Bevor die ersten Stiele in das Gefäß gestellt werden, wird es mit Wasser bis etwa 7 cm unter dem Gefäßrand gefüllt. Da bei diesem Vasenschmuck auf Hilfsmittel wie Steckmasse, Maschendraht oder spezielle Vaseneinsätze verzichtet wird, dienen die kurz gehaltenen Zweige der Bartblume mit ihren Verästelungen als Grundgerüst, in das alle anderen Blumen und Zweige gestellt werden. Dadurch baut sich ein Netzwerk auf und alle Stiele geben sich gegenseitig Halt. Zum Schluß legen einzelne Gräser mit ihren auffälligen Ähren die Höhe des Arrangements fest. Hierbei können die Gräser bis zum zweifachen der Gefäßhöhe hinausragend angeordnet werden. Die Sonnenblumen neigen ihre flächige Blüte dem Betrachter entgegen und bewirken durch diese naturbedingte Haltung eine stark frontal orientierte Vorderansicht des Arrangements, was in diesem Fall durchaus positiv zu bewerten ist. Denn welcher Besucher fühlt sich nicht gleich angesprochen von dem Willkommensgruß und der strahlenden Wirkung der Sonnenblumen vor der Haustür?

# Chrysanthemen, Leitpflanzen des Herbstes

Seit vielen Jahrhunderten wird die Chrysantheme in China gezüchtet und hoch verehrt. Chrysanthemen schmücken Tempel und waren beliebte Motive auf Porzellan, Stoffen und Holzschnitzereien. Sie ist aber auch die Blume des japanischen Kaiserhauses. Wappen und Siegel der kaiserlichen Familie tragen eine 16strahlige ungefüllte Chrysantheme.

Bei uns wurden die Chrysanthemen erst um 1830 als kleinblütige, winterharte Arten allgemein bekannt. Erst in den zwanziger Jahren wurden großblütige Sorten im Gewächshaus herangezogen und wurden die beliebtesten Blumen der Monate Oktober und November. Inzwischen gibt es Chrysanthemen in großer Vielfalt; große und kleine Blüten, verzweigt und als Einzelblüte, strahlig, langstielig, kurzstielig und in einer reichen Farbpalette von Weiß, Rosa, Violett über Gelb bis Goldbraun. Dieser Farbton mag es sein, daß wir die Chrysantheme immer noch als Herbstblume ansehen, obwohl sie im In- und Ausland in jeder Spielart ganzjährig erhältlich ist. Der deutsche Name der Chrysantheme ist »Wucherblume«. Die Gattung *Chrysanthemum*, die zur Familie der Korbblütler gehört, ist sehr artenreich und wurde vor ein paar Jahren neu gegliedert, so daß manches *Chrysanthemum* nun einen anderen Namen hat, wie *Dendranthema* oder *Tanacetum*.

**Chrysanthemen, Birnen und Liguster bestimmen den Charakter dieses Straußes. Beschreibung rechts.**

Einige Verwandte der Chrysanthemen blühen auch als einjährige Pflanzen oder als Stauden in unseren Gärten. Bekannt ist vielen die weißblütige Wiesenmargerite (neuer Name *Leucanthemum vulgare*). Sie gehört ebenso zur nahen Verwandtschaft wie die seit dem Altertum bekannte Gefüllte Kamille (neuer Name *Tanacetum parthenium*). Aus Persien wurde 1818 erstmals »Flores Pyrethoi« eingeführt. Die auch unter dem Namen Dalmatische Insektenblume (neuer botanischer Name *Tanacetum cinerariifolium*) verbreitete Chrysanthemenart liefert das Pyrethrum, ein Präparat zur Insektenbekämpfung.

Die klassischen Chrysanthemen mit ihren vielen gärtnerischen Spielarten heißen nun botanisch korrekt *Dendranthemum*-Grandiflorum-Hybriden.

Die Chrysantheme erfreut sich trotz ihrer ständigen Verfügbarkeit im Jahresangebot großer Beliebtheit, nicht zuletzt wegen ihrer guten Haltbarkeit. Kurz geschnitten und in Sträußen oder gesteckten Arrangements angeordnet, erfüllt sie die Erwartungen und kann selbst noch nach drei Wochen frisch aussehen.

## Chrysanthemen im Strauß

Dieser Strauß wird von einer einzigen großblütigen Chrysantheme bestimmt. Sie steht im Zentrum, und alle anderen Früchte, Blüten und Blätter sind ihr untergeordnet. Doch zugleich sind sie Partner, denn wie groß wäre die Ausstrahlung der Blüte, wenn sie keine Unterstützung bekäme?

**Material**

- 1 großblütige Chrysantheme
- 7–10 kleine Birnen
- 10 Dolden Liguster mit schön ausgefärbten Früchten
- 5 Stiele Pompon-Chrysanthemen
- 2 Stiele präpariertes weinrotes Eichenlaub
- 10 Stiele Koniferengrün von der Scheinzypresse
- 15 Gerstenhalme
- einige Büschel weiße Statize (Meerlavendel)
- einige großflächige Blätter der Schildblume *(Aspidistra elatior)*
- Salalblätter *(Gaultheria)* oder Kirschlorbeer-Zweige
- Bastfaden oder anderes Bindeband
- Steckdraht (1,2/300 und 1,4/350)
- Schaschlikstäbe
- 1 Rolle Kautschukband
- Bechervase oder bauchiges Gefäß

**Anleitung**

Die Frischblumen und das Blattwerk sollten bis zum Bindebeginn im Wasser stehen, weil zuerst die Früchte angedrahtet werden müssen. Es ist zu erwarten, daß sich der Blumenstrauß einige Wochen frisch hält. Daher ist es erforderlich, die Metalldrähte mit Guttacoll abzuwickeln, um Rostbildung zu vermeiden und das Gefäß vor Verschmutzung zu schützen. Rostflecken sind hartnäckig und lassen sich nicht mühelos entfernen.

**Andrahten der Birnen.** Dazu wird der Draht spitz abgeschnitten, um sich besser in die Früchte einstechen zu lassen. Die Birnen sollen im Strauß die runde Seite mit dem verholzten Blütenboden zeigen, deshalb wird der angespitzte Draht durch den schmalen Birnenhals geschoben. Das durchgesteckte Stück wird nach 8–10 cm Länge, wie auch das andere Ende, haarnadelähnlich umgebogen. Die linke Hand hält das kürzere Drahtstück zusammen mit dem Birnenhals fest. Das längere Drahtstück wird dann in drei Windungen fest um den anderen Draht und Birnenhals gewickelt (Drahten s. Seite 93). Danach werden beide Drähte mit Guttacoll umwickelt. Die Handwärme verklebt das Ende auf dem abgewickelten Draht.

Als Alternative kann man auch einen Schaschlikspieß oder ein Holzstäbchen senkrecht in den Birnenhals schieben. Das frei gebliebene Holzstück bildet dann aber einen sehr starren Stiel und läßt sich nicht beliebig biegen. Die Drahttechnik ist vor allem zu bevorzugen, wenn die Früchte in den äußeren Straußpartien angeordnet werden sollen.

**Andrahten der Holunderbeeren.** Hier kann der Steckdraht vorher umwickelt werden. Auch in diesem Fall wird der präparierte Steckdraht zu einer Haarnadelform mit ungleichen Enden umgebogen, wobei ein Ende nur etwa 5 cm lang zu sein braucht. Auf diese Öse wird der Stiel der Dolde gelegt und zwischen Daumen und Zeigefinger festgeklemmt. Die andere Hand führt den Draht in ein paar engen Windungen fest darum, anschließend wird der lange Draht gerade gebogen und dient als Stielersatz.

**Schienen und Biegen der Gaultheriazweige.** Der Stiel wird, beginnend an den untersten Blättern, zwischen zwei Steckdrähte der Stärke 1,2/300 gelegt und mit dem Guttacollband umwickelt (s. Seite 92). Die Schnittfläche des Stieles darf nicht eingewickelt werden, da sonst die Wasseraufnahme blockiert ist.

**Strauß binden.** Der Stiel der großen Chrysanthemenblüte wird entblättert und auf eine vorläufige Länge von 25 cm eingekürzt. Um die Chrysanthemenblüte herum werden mehrere Stiele des Koniferengrüns gelegt, so daß der Stil gut umpolstert ist. Danach ist es sehr leicht, alle Früchte und kleinblumigen Chrysanthemen immer rundum so anzulegen, daß alle Gestaltungsmittel leicht geneigt nach außen zeigen. Damit auch die Drahtstiele einen festen Halt bekommen, bettet man sie einfach in Koniferenspitzen oder in die Verästelungen der Statizenzweige. Der Strauß wird dabei in der Hand gedreht, um ihm eine gleichmäßig runde Form zu geben. Das Getreide wird mit seinen Halmen schräg zum Straußbündel geführt und erhält dadurch die erforderliche Neigung für

**Rustikal gedeckter Gartentisch mit Herbstschmuck aus Chrysanthemen, Hagebutten und Efeuranken. Arbeit Beate Hauptmann, Hannover.**

seinen Platz in der Außenpartie. Die Blätter bilden den Abschluß und schließen umkränzend die runde Straußform ab.

Der Bastfaden wird dicht unter dem Blätterkranz mit ein paar sanft angezogenen Windungen um den Straußstiel geschlungen und verknotet. Anschließend werden die Bastfadenenden abgeschnitten.

Zum Schluß werden alle Stiele auf eine gleichmäßige Länge abgeschnitten und der fertige Strauß wird sofort ins Wasser gestellt.

Bei diesem Straußtyp darf der Stiel nicht zu lang sein, da sonst die Gesamtgestaltung unproportioniert aussieht. Das Stielbündel sollte nicht länger als 8–10 cm sein. Dazu paßt am besten ein bauchiges Gefäß in einem Farbton, der im Strauß enthalten ist. Das abgebildete, braunschwarze Gefäß vereinigt den Braunton der Chrysanthemen und das im Blauviolett mitschwingende Schwarz der Beeren und schafft eine optische Zusammengehörigkeit zwischen Strauß und Gefäß.

## Chrysanthemen im Tischschmuck

Herbstabende sind wehmutsvoller als ein lauer Sommerabend. Man weiß und spürt, daß die Nächte kühler und länger werden. Das satte Grün des strotzenden Lebens entzieht sich mehr und mehr den Blättern, die Früchte sind prall und zur Samenverbreitung vorbereitet. Die Luft ist schwerer und würziger als bei einer sonnendurchfluteten Abendstimmung im Sommer. Anlaß genug, ein paar Freunde einzuladen, um gemeinsam Abschied von den Abenden im Garten zu nehmen. Dazu gibt es ein rustikales Essen mit einem friesartig gestalteten Tischschmuck aus klein- und großblütigen Chrysanthemen, immergrünen Efeuranken, Ahornblättern, Hagebutten und den letzten Trauben vom Wilden Wein an der Hauswand.

### Material

- 2 Stiele großblumige, sonnengelbe Chrysanthemen
- 3 Stiele kleinblumige, goldbronzefarbene Chrysanthemen
- 5 lange Efeuranken
  mehrere Hagebuttenzweige mit birnenförmigen Früchten (*Rosa rubiginosa*)
- Früchte, klein und mattglänzend von Eberesche, Zierapfel, Feuerdorn oder Weißdorn
- traubige, glänzend schwarzviolette Früchte vom Wilden Wein, Holunder, Kreuzdorn (giftig und daher Vorsicht bei Kindern), Liguster oder Mahonie.
- Blätter, schöne ausgesuchte Exemplare von Spitzahorn oder Platane.
- 1 Ziegel Frischblumen-Steckmasse
- 2 längliche, rechteckige Schalen in den Maßen 25×15×4 cm mit bräunlichschwarzer Glasur

### Anleitung

Die Schnittblumen müssen gut gewässert sein, das heißt, sie sollten vor dem Stecken mindestens ein paar Stunden im handwarmen Wasser gestanden haben. Welke Chrysanthemen können sich sehr schnell erholen, wenn ein Stielstück unter Wasser mit einem kurzen Ruck umgebrochen wird. Dabei wird der Stiel etwas fransig aufgespalten. Durch diese Maßnahme gelangt keine Luft in das Zellgewebe im Stiel, und die Wasseraufnahme kann ungehindert vor sich gehen.

In jede Steckschale wird ein 8 cm breiter, 25 cm langer und 6 cm hoher Steckmasseblock eingepaßt. Mit den Efeublättern und den großflächigen Ahornblättern werden die Außenpartien der Schalenlängsseiten abgegrenzt. Eine schmale Querseite erhält lang über den Tisch schlängelnde Efeuranken, begleitet von ein paar kürzeren Hagebuttenzweigen. Die Schalen, die nach der Fertigstellung als Einheit angesehen werden sollen, erhalten in ihrem Zentrum je eine großblütige, recht kurz angeordnete Chrysanthemenblüte. Die kleinblütigen Chrysanthemen, kurzen Efeuranken und die übrigen Fruchtstände laufen der zentralen Chrysantheme in der Gefäßmitte spürbar entgegen.

Zuletzt wird Wasser aufgefüllt. Die Steckmasse muß im fertigen Gesteck ganz verdeckt sein. Damit Blätter und Ranken Beziehung zur Tischfläche haben, müssen sie leicht nach unten zur Tischplatte zeigen.

Vollendung erfährt der Tischschmuck durch ein besonders schönes Ahornblatt, akzentuiert durch den roten Fruchtschmuck auf dem Holzteller. Ein sehr einfacher, aber wirkungsvoll gelegter Tellerschmuck, der die Einheit zwischen dem Gedeck und dem Tischschmuck betont und die Verbindung herstellt.

## Chrysanthemen im Moostopf

Bestechend ist das leuchtende Gelb der kleinblumigen Chrysanthemen. Sie überstrahlen nicht nur durch ihre Farbe, sondern auch durch ihre Überzahl das kleine Gesteck. Beeren, Blätter und der Zweig sind unauffällige, aber unverzichtbare Gesellschafter in dieser unkomplizierten Vereinigung. Das moosummantelte Gefäß unterstreicht die naturnahe Gestaltung. Das Moos, man könnte auch Heu oder Stroh nehmen, ist eine gute Lösung, um Gefäße, die farblich oder von der Musterung her nicht zum herbstlichen Flair passen, auf einfache Art zu verändern. Es ist ratsam, das Moos vorher abtrocknen zu lassen, damit kein Feuchtigkeitsschaden auf der Stellfläche entstehen kann.

### Material

- Wasserfestes Gefäß, etwa 12 cm hoch, 10 cm Durchmesser
- 1 Ziegel Steckmasse für Frischblumen
- 2–3 Stiele kleinblumige gelbe Chrysanthemen
- 2 Tuffs Vogelbeeren und Ligusterbeeren, oder kleine Hagebutten, Holunder, Feuerdorn, Scharlachdorn oder Schlehen
- 1 gebogener, winklig gewachsener Zweig mit rötlicher Färbung vom Hartriegel (*Cornus alba* 'Sibirica') oder von der Pappel (*Populus*-Canadensis-Hybriden)
- 2 Handvoll Moos, in Wassergräben und auf feuchten Wiesen zu finden.

**Chrysanthemen im Moostopf, unaufdringlicher Schmuck auf einem unempfindlichen Tisch. Arbeit Beate Hauptmann, Hannover.**

Rechte Seite: Ein Strauß mit allem, was der Herbst noch an Blüten zu bieten hat, zusammen mit Gräsern und Fruchtständen in einem zylindrischen Keramiktopf.

oder zwei Schaschlikspießen in der Vertiefung am Stielansatz aufgespießt. So sind sie selbst nach ein paar Wochen meistens noch zum Verzehr geeignet, wenn man die verletzten Stellen großzügig wegschneidet.

Nun kann man damit beginnen, das aufrechtstrebende Rankgewirr in Kombination mit den rotfrüchtigen Mispelzweigen in der Steckmasse festzusetzen. Danach werden die Ahornblätter und der Zweig mit den glänzenden, dunkelgrünen Kirschlorbeerblättern über den Kochtopfrand angeordnet wie es auf der Abbildung zu sehen ist. In gleicher Art verfährt man auch mit den kurz geschnittenen Zweigen des Cotoneasters.

Zum Schluß werden tuffweise die Chrysanthemenblüten kompakt rund gesteckt. Die Chrysanthemenfläche wird von den zwei großen Äpfeln unterbrochen, die mit den Holzstäbchen bequem und leicht zu integrieren sind.

Dieser farblich harmonische Herbstschmuck eignet sich bestens als Augenschmaus auf einem rustikalen Bauernbuffet.

Bunter Strauß in einem Waschgeschirr, von einem Hahn gekrönt. Arbeit Sabine Moormann, Barwinkel.

## Straußvielfalt im Herbst

Ganz unterschiedliche Sträuße mit spätsommerlicher Flora, kohlköpfige und querbeet durch den Gemüsegarten, werden auf den nächsten Seiten vorgestellt.

### Feld-, Wald- und Wiesensträuße

Sträuße in üppiger Fülle, einfach zusammenzunehmen, sind durch ihre Artenvielfalt, den Formenreichtum, die Farbigkeit und Reichhaltigkeit schon von sich aus dekorativ und wirkungsvoll.

Bei diesen Straußtypen mit Wegrand-, Bahndamm- und Heckenfloracharakter darf alles durchwachsen, verschlungen, ein wenig verkrautet und spontan gesammelt aussehen. Daher kann bei dieser Art von Sträußen die Hand recht voll genommen werden, weil sich im Endergebnis viele Pflanzen gegenseitig halten und stützen. Durch die Verschlingungen entstehen Freiräume, die Tiefenwirkungen im Strauß hervorrufen und in die sich andere Blumenarten hineinschieben können.

Als Gefäß eignen sich geradelinige, becher- oder zylinderförmige Vasen mit rustikalen Oberflächen und Glasuren. Wer über einen Fundus alter bäuerlicher Küchengefäße, Wasserkannen, oder Emaille- und Zinkeimer verfügt, kann ihnen mit diesen romantischen Sträußen neuen Glanz verleihen.

Ist erst einmal eine üppige blumig-krautige Grundfüllung in das mit reichlich Wasser gefüllte Gefäß gestellt, können Ranken mit Fruchtbesatz wie Himbeeren oder Brombeeren, Ligusterbeeren oder Schlehen in den Außenpartien zugeordnet werden, um den Gefäßrand zu überspielen und eine Verbindung zwischen Gefäß und emporstrebenden Straußblumen herzustellen.

Wichtig ist, daß täglich Wasser in dem Gefäß aufgefüllt wird. Es ist erstaunlich, wieviel Flüssigkeit die Pflanzen im Laufe eines Tages aufnehmen können.

Bewußt werden hier die Wildpflanzen nicht namentlich aufgeführt, da eigentlich alle natürlich vorkommenden Pflanzen der

ver
der
wi
Kle
vor
där
l
Str
Ge
zer
dar
mu
und
Art

## Ge

Eßl
kar
tive
Ge
Um
Str
sch
die
ker
sch
daß
Küc
l
che
ßer
stä
Kle
Rar
l
kör
Go
wie
Sol
dic
ane
mig

**Flächig angeordnetes Potpourri, das von dem Zimtstangenbündel mit Seidenkordel bestimmt wird.**
**Arbeit Rosamunde Richter, Hannover.**

spannungsreiche Farbbeziehung als Komplementärkontrast bezeichnet, weil sich die Farben im zwölfteiligen Farbkreis genau gegenüber liegen und sich gegenseitig zu höchster Leuchtkraft steigern. Bei den Farbtönen, von Gelb bis Rot spricht man von Nachbarfarben, weil sie im Farbkreis nebeneinander angeordnet sind.

Die Borkenrinden sind mit einem silbrigen Farbton leicht angehaucht. Diese farbliche Verbindung schafft unaufdringlich den Übergang zu der Zinnschale.

Nicht auffällig, aber gekonnt ergänzend, präsentieren sich die goldgespritzten Weizenähren. Sie nehmen das Gelb der Rosen auf und veredeln dadurch den Farbton. Getrocknete Ilexblätter *(Ilex aquifolium)* und die kleinen Moosflächen neutralisieren und mildern mit ihrem dumpfen Grün, genau wie die Borkenstücke, die klare Farbintensität der Früchte ab.

Wesentlich ruhiger, aber nicht weniger interessant, präsentiert sich ein flacher Zinnteller mit einer weitaus flächigeren Gestaltung.

Bestimmender Wirkungsfaktor ist das quergelegte Bündel von Zimtstangen, die durch eine großzügige Kordelumwicklung mit langen, über den flachen Schalenrand hinausführenden, geknoteten Kordelenden Zusammenhalt finden. Der glänzend gelbe Farbton wiederholt sich in leichtem Orange in den Apfelsinenscheiben und den rautenförmig geschnittenen Apfelsinenschalen wieder. Getrocknete Quittenscheiben leiten mit ihrem Beige-Braun zu den Lärchenzapfen und den ebenfalls auf dem Rand liegenden Borkenstücken der Kiefer über. Als Vermittler der braunen Farbgruppen fungieren die Zimtstangen. Die Schalengestaltung teilt sich in vier Segmente auf, wobei sich jeweils die Moosflächen und die Früchte, vertreten durch die Zapfen und die bräunlich roten, schon leicht eingeschrumpelten Hagebutten der Weinrose *(Rosa rubiginosa)* gegenüberliegen.

Es ist nur allzu bedauerlich, daß die Abbildungen nichts abgeben können von dem dezent betörenden Duft dieser wunderschönen Zierpotpourris.

# Herbstkränze aus Blättern, Beeren und Nüssen

## Blätter als Bindematerial

Einen guten und leichten Einstieg in das Kranzbinden eröffnet ein Blätterkranz (Abbildung unten). Im getrockneten Kranz müssen nach längerer Zeit nur zusätzlich einige grüne Blätter ergänzt werden, wenn durch den Trocknungsprozeß kleine Lücken entstanden sind.

Die Blätter können ganz individuell zusammengestellt werden, die einzige Einschränkung stellt die Blattgröße dar. Blätter von Eiche, Heckenrose, Ginkgo, Mehlbeere oder vom Wilden Wein sind leichter zu verwenden als großflächige Ahorn- oder Platanenblätter. Selbstverständlich können bei einem größeren Kranz auch die Blätter großformatiger sein.

### Material

- gewellter Draht, 20 cm Durchmesser
- 3 Handvoll Wulstmaterial (Heu, Stroh, getrocknetes Waldmoos)
- 1 Rolle dünnen Bindedraht (Myrtendraht) oder Zwirn
- 1 Korb voll verschiedener Blattarten.

### Anleitung

Der Drahtreifen wird zunächst mit einem dünnen Wulst umbunden. Diese Schicht verdeckt die scharfen Kanten des gewellten Drahtreifens und erleichtert das Aufbinden der Blätter. Ist die Wulstunterlage fertig gebunden, wird der Bindedraht linksseitig an der Wulstunterlage befestigt und immer vom Kranzinnern nach links außen über das aufzubindende Material geführt (Zeichnung Seite 84). Dabei hält die linke Hand den Kranzring und die Blätter fest, während die rechte Hand die Blätter zusammensammelt, paßgerecht auflegt und die Drahtführung übernimmt.

Die Blätter werden am Stengelansatz etwas zusammengetüllt, bevor sie aufgebunden werden. Dadurch entsteht eine räumliche, lebendig wirkende Oberfläche.

Beim Kranzende müssen der Anfang und das Bindeende ohne sichtbaren Übergang zusammengeführt werden. Das ist nicht ganz einfach und erfordert Fingerspitzengefühl. Kurz vor dem Ende biegt man die Blätter des Anfangs sanft hoch

**Blätterkranz, auf einem Drahtstreifen gebunden. Arbeit Beate Hauptmann, Hannover.**

## Rote Beerenkränze

Die Anfertigung eines Herbstkranzes aus Vogelbeeren, den Früchten der Eberesche *(Sorbus aucuparia)* ist selbst für ungeübte Hände keim Problem. Der Zeitaufwand liegt zwischen einer halben und einer ganzen Stunde, wenn alle Zutaten wie Drahtring und Bindeband sowie ausreichend Moos und Vogelbeeren bereit liegen.

Das Moos kann möglicherweise in Rasenflächen geerntet werden, in denen der Boden über Jahre zu feucht und zu wenig durchlüftet war. Andernfalls sind feuchte Straßengräben, Böschungen oder Waldlichtungen gute Fundorte. Mehr als einige Handvoll werden nicht benötigt. Aber dennoch ist zu beachten, daß es inzwischen unter den Moosen viele geschützte Arten gibt. Daher sollte man sich vorher, beispielsweise beim Forstamt, erkundigen. Für die Beschaffung der Ebereschenfrüchte ist es ratsam, wenn nicht im eigenen Bestand geerntet werden kann, sich bei Gartenbesitzern umzuhorchen, bevor man sich mit der Schere an den Beständen der freien Natur bedient. Diese Bäume sind von großer Bedeutung für Tiere. Sie dienen als Bienen-, Vogel- und Wildfutter.

### Material

- 3–5 Handvoll Moos
- 10–15 Dolden Vogelbeeren
- Glatter oder gewellter Drahtring, 20 cm Durchmesser
- 1 Rolle Wickeldraht, Myrtendraht, Zwirn oder jedes andere reißfeste dünne Band
- 1 Handvoll lange, dünne Gräser, die sich knoten lassen, ohne zu reißen, ersatzweise Naturbastfäden
- mehrere dünne Birkenäste als Untergestell für den fertigen Kranz

### Anleitung

Der Wickeldraht wird linksseitig am Drahtring befestigt und ausgehend vom Kranzinnern, mit der rechten Hand über die auf dem Kranzring zu bindenden Mate-

**Vogelbeeren und Moos werden auf einen Drahtreifen gebunden. Arbeit Sylvia Zobel, Braunschweig.**

rialien geführt. Die linke Hand hält mit dem Daumen und den übrigen Fingern den Drahtring und gleichzeitig die kleinen Moos- und Ebereschentuffs am unteren Ende fest. Darüber wird dann der Wickeldraht geführt und mit sanftem Druck festgezogen. Eine zweite und dritte Wicklung, zur weiteren Sicherung der Tuffs, erfolgt um einige Zentimeter versetzt. Über diese Drahtwicklung wird die nächste Reihe aus Moos- und Beerentuffs gesetzt und auf die gleiche Art festgebunden bis man zum Kranzanfang gelangt. Die Rückseite des Drahtringes muß nicht bebunden werden, weil der Kranz später auf einem flachen Gestell aus kleinen Birkenästen ruht.

Moos und Ebereschen werden ungefähr in einer Breite von 5 cm mittig auf den Ring gebunden, so daß die Werkstoffe zur Kranzaußenseite und zur Kranzinnenseite eine sanfte Rundung beschreiben. Dabei liegt der höchste Punkt der Rundung über dem darunterliegenden Drahtreifen.

Ist man an dem Punkt zwischen Kranzanfang und Kranzende angelangt, erfordert es etwas Geschicklichkeit, das Bindeband immer so um die kleinen Beeren und Moose zu führen, daß nichts davon beim Binden eingequetscht wird. Sollte eine Lücke an der Übergangsstelle entstanden sein, drahtet man ein kleines Büschelchen Moos und eine kurze Ebereschendolde mit einem dünnen Draht an (die Technik ist auf Seite 93 beschrieben) und steckt die Tuffs an die unschöne Stelle.

Wenn es gefällt, kann man aus dünnen Birkenästen ein Untergestell als Auflage für den Kranz bauen. Sind einige Äste mit kleinen Astgabeln versehen, lassen sie sich miteinander verkeilen und bringen auf diese Weise Halt in das Gestell. Gelingt das nicht, Hammer und Nägel helfen, die nötigen Verbindungsstellen zu sichern. Bast, Wollfäden oder Jutefäden können die gleiche Aufgabe wie Nägel erfüllen.

Der Kranz wird mit dünnen Gräserbündeln jeweils an zwei Stellen darauf festgebunden.

Wesentlich mehr Ebereschendolden werden für den Ebereschenkranz im Foto oben benötigt. Zur Aufhellung des roten Kranzkörpers wurden Früchte des Zierapfels dazwischen gestreut. Zwei farblich passende Bänder wurden in großzügigen Windungen parallel um den gesamten Kranzkörper geschlungen und verleihen der strengen Kranzform die Heiterkeit eines sonnigen Herbsttages.

**Kranz aus Vogelbeeren und Zieräpfeln, mit Bändern umwunden.**

Für dieses Kranzmodell dient als Rohling ein industriell gefertigter Strohkranz, der im Blumenfachgeschäft oder in Bastelabteilungen günstig zu erwerben ist. Im Angebot sind Kränze mit unterschiedlichem Durchmesser. Auf den Rohling werden die Dolden mit Haften, U-förmig gebogenen Drahtstücken, befestigt. Es gibt sie als Patenthaften im Handel, man kann sie sich notfalls auch nach dem Haarnadelprinzip biegen. Dabei ist eine Schenkellänge von 25 mm bei einer Drahtstärke von 1,2 mm Durchmesser ausreichend. Die Beerendolden lassen sich aber auch mit Wickeldraht auf dem Strohkranz festbinden. Dabei führt man den Wickeldraht immer über den verholzten Teil der Doldenrispen.

Eine weitere Variante in Rot ist nicht aus Ebereschendolden gebunden, sondern aus kleinen prallen Hagebutten, den Früchten der Wildrosen.

Die Technik der Anfertigung aller Kränze aus Wildfrüchten unterscheidet sich nicht wesentlich voneinander. Die Hagebutten müssen vor ihrer Verwendung zu kleinen Tuffs zusammengedrahtet werden, wie auf Seite 93 nachzulesen ist. Selbst-

**Kranz aus Baumhaselnüssen. Die Nüsse sind auf einen Strohrohling geklebt. Arbeit Fr. Abicht, Herbstmarkt Helmerkamp.**

verständlich kann jeder Kranz auch mit anderen Früchten und zusätzlich mit Buchs oder Moos kombiniert werden.

Wem das Kranzbinden zu aufwendig ist, dem sei ein Kranzkörper aus in sich verschlungenen früchtebesetzten Hagebuttenzweigen empfohlen. Hierbei wird ganz und gar auf technische Hilfe verzichtet. Oft wachsen die Zweige am Busch schon leicht geneigt, so daß eine naturgegebene Rundung bereits vorhanden ist. Diese Vorgabe heißt es geschickt zu nutzen. Mit dem richtigen Blick sieht man, welche Ranken sich gut zu einer Kranzform ineinander verflechten lassen.

Der Kranzkörper wirkt sehr transparent. Vergrünte Hortensiendolden, Kokosfaserstücke und zwei herbstlich gefärbte Eichenblätter als ruhige Flächen ergänzen die Zweige. Optisch gewinnt der Kranz dadurch an Schwere, ohne dabei seine spielerische Leichtigkeit zu verlieren.

Die kunstvoll gehämmerte Bronzeschale ist für diese moderne Kranzvariante eine vollendete Ergänzung im Zusammenspiel von Metall und Natur.

## Der Nußkranz

Selbstverständlich kann man Haselnüsse, halbierte oder ganze Walnußschalen auf einen Strohkranzrohling kleben, wenn man sich genügend Ausdauer zutraut. Statt Nüssen sind auch kleine Kiefern- und Lärchenzapfen denkbar, doch mit einem Zapfenkranz verknüpft und erzeugt man eher vorweihnachtliche Gedanken als herbstliche Stimmung.

Hier soll kein Kranz aus einzelnen aufgeklebten Nüssen vorgestellt werden, sondern aus den Fruchtständen *(Corylus colurna)*. Die Nüsse sind eßbar und fallen oftmals mit ihrer schützenden Fruchthülle vom Baum. Diese Baumart ist sehr widerstandsfähig und verträgt Trockenheit und das Stadtklima gut. Es gibt teilweise ganze Straßenzüge mit angepflanzten Baumhaselbäumen. Da lohnt sich die Ernte zu gegebener Zeit, wenn die bizarren Fruchthüllen, in denen immer mehrere Haselnüsse eingebettet sind, vom Baum fallen und darauf warten, eingesammelt zu werden.

Die Fruchtstände läßt man ein paar Tage trocknen und klebt sie mit Hilfe der Heißklebepistole auf einen Strohkranzrohling. Am besten arbeitet man von der Kranzaußenseite zur Innenseite. Man wird bei dieser Reihe-für-Reihe-Anordnung schnell merken, daß man zusätzlich die Fruchthüllengröße beachten muß, um einen gleichmäßig geformten Kranz zu erhalten. Es ist ratsam, im Außenbereich größere Exemplare zu verwenden als innen, um die unterschiedlichen Maße von Innen- und Außenkreis auszugleichen.

Dieser Baumhaselkranz ist in seiner Oberflächenstruktur sehr unruhig und kann nur auf einem unifarbenen, wenig strukturierten Untergrund voll zur Geltung kommen. Durch den Trocknungsprozeß werden sich nach und nach Nüsse aus ihrer Hülle lösen und beim hängenden Kranz herausfallen. Entweder legt man den Kranz von diesem Zeitpunkt an auf eine flache Schale oder klebt die einzelnen Nüsse wieder in die Hüllen ein.

## Der Blumenkranz

Mit diesem Kranz wird noch einmal die ganze Farbenpracht des Herbstes eingefangen, bevor die ersten Nachtfröste dem Schauspiel in der Natur ein Ende setzen.

Hervorstechend ist das strahlende Gelb der Sonnenblumen und die dazu im Kontrast stehende Farbe des Zierkohls. Das kräftige pink-violette, gekrauste Blätterwerk entfaltet seine ganze Farbintensität nach den ersten kühlen Herbstnächten.

Stehen die hier vorgeschlagenen Blüten, Früchte, Moose und Trockenformen nicht zur Verfügung, gibt es viele andere Kombinationsmöglichkeiten für einen Herbstkranz mit gedämpfter Farbwirkung.

## Material

- Sonnenblumen *(Helianthus annuus)*
- Farbiger Zierkohl *(Brassica oleracea)*
- Äpfel
- Schlafmohnkapseln (*Papaver somniferum* ssp. *somniferum*)
- vergrünte Hortensiendolden *(Hydrangea macrophylla)*
- Strohblumen *(Helichrysum bracteatum)*
- verholzte Kalyx-Pilze *(Microporus xanthopus)*
- Fetthenne *(Sedum spectabile)*
- Kugeldisteln *(Echinops ritro)*
- Hagebutten
- Kriechmoos, Stopfmoos *(Eurhynchium striatum)*
- Katzenpfötchen (*Antennaria dioica* var. *dioica*)
- getrocknete Zitronenscheiben
- Holzzahnstocher
- 1 Rolle Wickeldraht
- Strohkranzrohling, 35–40 cm Durchmesser

Die Mengen der einzelnen Pflanzen wurden nicht angegeben, da es immer besser ist, etwas mehr zu haben, als man eigentlich benötigt. Oft ist eine Blüte an einer Stelle zu groß oder zu klein und dann ist es vorteilhaft, wenn man aus einem großen Fundus wählen kann, bis die richtige Größe gefunden ist. Aus dem Rest, der dann nach dem Binden übrig ist, läßt sich sicherlich noch ein kleines Gesteck anfertigen, oder man bewahrt die Pflanzenteile zum Trocknen auf.

## Anleitung

Wie schon bei anderen gebundenen Kränzen in diesem Buch beschrieben, werden alle Werkstoffe von der Kranzaußenseite zur Innenseite angeordnet, bevor sie aufgebunden werden. Die dabei entstehende Kranzkörperrundung muß beidseitig so tief sitzen, daß der Strohkranz nicht zu sehen ist, wenn der Kranz flach auf der Arbeitsfläche liegt. Wenn ein Stückchen fertig gebunden ist, sollte man den Kranz aus der Hand legen und sich ein paar Schritte entfernen, denn aus der Distanz lassen sich leichter kleine Lücken oder unterschiedliche Höhen auf der Kranzoberfläche feststellen. Sie sind dann wesentlich leichter zu korrigieren als am Schluß.

Sollte sich nach dem kritischen Betrachten herausstellen, daß kleine Unebenheiten ausgeglichen werden müssen, sind einzelne Pflanzenteile gegabelt anzudrahten (Technik siehe Seite 93) und nachträglich dazwischenzuschieben. Mit dieser Methode lassen sich ebenfalls kleine Fehlstellen an der Übergangsstelle zwischen Kranzanfang und Kranzende am einfachsten kaschieren. Die Äpfel werden mit dem Holzzahnstocher auf die richtige Höhe gestellt und im fortlaufenden Bindevorgang durch die anderen Materialien eingebettet.

Um das frische Aussehen des Blumenkranzes für einige Tage zu verlängern, sollte man den Kranz nachts an einem kühlen Ort aufbewahren, vorsichtig mit einem Feinzerstäuber einnebeln und mit Folie leicht überdecken.

**Der Blumenkranz zeigt noch einmal die ganze Farbenpracht des Herbstes. Arbeit aus einem Kurs von Ursula Wegener in Hannover-Ahlem. Beschreibung links.**

# Werkzeuge, Hilfsmittel und Tips vom Floristen

## Werkzeuge und Hilfsmittel

Als Grundausrüstung für den immerwährenden Gebrauch lohnt es sich, Werkzeug von guter Qualität zu kaufen. Daneben sind Hilfsmittel, wie sie teilweise von Fachleuten der grünen Branche verwendet werden, zur Arbeitserleichterung wichtig. Fast alle Hilfsmittel sind in Blumenfachgeschäften, Gartencentern, Dekofachgeschäften oder Heimwerkermärkten zu erwerben.

**Gartenschere** zum Schneiden von Zweigen, Stielen, Getreidehalmen, usw. für den Dauergebrauch. Für Gelegenheitsbasteleien genügt eine Allzweckschere.

**Seitenschneider** zum Durchtrennen für stärkere Drähte, Kneif- und Kombizange erfüllen diese Aufgabe auch.

**Rund- oder Flachzange** zum Verdrehen von Drähten nach Abschluß der Bindearbeit.

**Messer** zum Ab- und Anschneiden von Pflanzen, wichtig ist eine scharfe Klinge.

**Heißklebepistole** zum Sofortkleben von Trockenmaterialien. Ein unentbehrliches Gerät sowohl für Profihandwerker als auch für Heimwerker. Der Heißklebstoff klebt sekundenschnell. Vorsicht ist geboten, denn bei Berührung des Heißklebers mit der Haut gibt es Brandblasen.

**Wickeldraht** zum Binden von Erntekränzen und Kronen sowie viele andere Werkstücke, die im Buch beschrieben sind. Den Draht gibt es in verschiedenen Stärken, wobei die Stärke von 0,6 mm zu empfehlen ist. Der Draht ist auf einen Holzstab gewickelt. Es gibt ihn auch farbig lackiert zu einem, gegenüber der üblichen blaugeglühten Ausführung, höheren Preis.

**Myrtendraht** zum Binden von kleinen Blumen- und Blätterkränzen, zum Festdrahten von zartstieligen Blüten, Blättern und anderen Gestaltungsmitteln sowie zum Binden von Bandschleifen. Der nur 0,31 mm dünne Draht ist auf 100 Gramm-Spulen aufgewickelt, meist grün oder braun lackiert. Farbige oder metallfarbene Ausführungen sind heute wegen ihres Zierwertes üblich.

**Steck- und Stützdraht:** Stützdraht ist grün lackiert und nichtrostend. Steckdraht kann bei Feuchtigkeit rosten. Beide Drahtarten sind zum Andrahten von Blumen, Blättern, Beeren und Getreide zu verwenden. Das Sortiment ist sehr umfangreich. Für den Anfang genügen drei unterschiedliche Stärken, beispielsweise 0,6/200, 1,0/280, und 1,2/350. Dabei gibt die erste Zahl die Drahtstärke, die zweite Zahl die Länge des Drahtes in Millimetern an.

**Patenthaften, Römerhaften, Strohblumennadeln** zum Anheften von Blättern und anderen floralen Materialien auf eine Strohunterlage. Patenthaften haben zum Unterschied zu den Römerhaften einen gewellten Rücken statt eines glatten. Strohblumennadeln sind kleiner.

**Welldrahtringe** für gebundene Kränze aus verschiedenen floralen Gestaltungsmitteln. Es gibt sie in Durchmessern von 20–40 cm.

**Strohreifen** als Grundform für Kränze. Es gibt sie in Größen von 20–100 cm.

**Gewellte Drahtkronenformen** zum Bebinden mit Ähren als kleine Erntekronen. Die Formen gibt es in den Höhen 16, 25 und 30 cm.

**Maschendraht und Flaschenbürsten** als Einstellhilfe von Blumen, Blättern und Zweigen in großen Vasen.

**Kenzan** eine runde oder eckige Metallplatte mit Bronzenägeln. Bekannt vom Ikebana. Der Kenzan oder Blumenigel dient

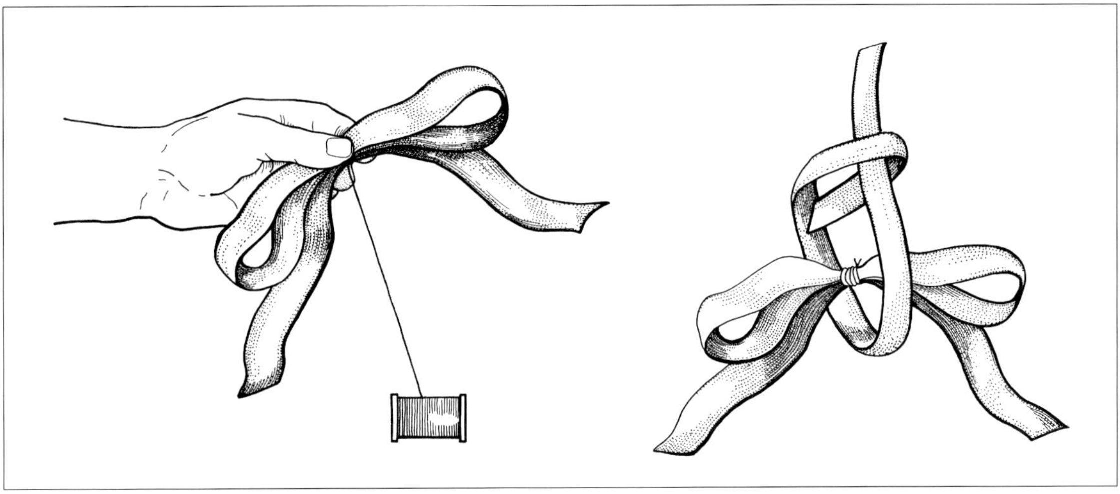

als Stellhilfe für Sträuße, aber auch für einzelne Blumen und Äste. Die übliche Form ist rund. Der Kenzanblock sollte nicht zu klein sein, ab 6 cm Plattendurchmesser ist er ausreichend standfest.
**Bast, Jutefaden** zum Binden von Blumen und Ährensträußen.
**Guttacoll (Kautschukband)** zum Abwikkeln von Drähten, wenn Steckdraht zum Stützen verwendet wird und sichtbar ist. Das Band gibt es in Grüntönen, in Braun und in Weiß. Es kann passend zu der Blumenstiel- oder der Zweigfarbe ausgewählt werden. Guttacollband ist in der Breite von 13 mm am gebräuchlichsten.

## Wichtige Techniken

### Anleitung zum Schleifenbinden

Unabhängig von der Länge und Breite der Schleifenbänder ist die Technik des Bandbindens immer gleich. Meist ist das Schleifenband auf einer Rolle mit 10 oder 25 m gewickelt und wird zum Binden fortlaufend abgerollt. Erst zum Schluß, wenn die Schleifengröße bestimmt und fertig ist, wird das Band schräg abgeschnitten.

Den Bandanfang läßt man in der gewünschten Länge herunterhängen und legt nun das Band in Form einer Acht zwischen Daumen, Zeige- und Mittelfinger. Dieser Vorgang kann beliebig wiederholt werden und bestimmt die Üppigkeit der Schleife. Die Schlaufen in der Achtform müssen gleich groß und symmetrisch angelegt werden. Die Mitte wird dann zusammengedrückt und mit Zwirn oder Myrtendraht festgewickelt. Nun wird über die Wicklung ein zweites Bandstück locker darüber geknotet. Mit den beiden Bandenden kann man die Schleife an einem Ährenstrauß, Erntekranz oder einer Erntekrone festbinden. Daher sollten sie entsprechend lang sein.

### Schienen, Verbiegen und Abwickeln eines Zweiges

An das Teilstück des Zweiges oder Stengels, das gebogen werden soll, werden zwei Drahtstücke parallel angelegt und mit Guttacoll fest umwickelt. Danach läßt sich der geschiente Bereich gut biegen ohne zu brechen.

### Abwickeln eines Steckdrahtes

Ein Teil des Abwickelbandes (Guttacoll) wird von der Rolle abgewickelt und auf die Arbeitsplatte gelegt. Zum Abwickeln des Drahtes hält man ihn in der linken Hand mit dem Daumen und Zeigefinger fest, wickelt zweimal das Guttacollband um den Drahtanfang und dreht den Draht zwischen den beiden Fingern, während die rechte Hand das Guttacollband in schrägen, eng anliegenden Windungen bis zum

**Links: Die Bandschlaufen werden in der Mitte zusammengedrückt und mit Zwirn oder Myrtendraht festgewickelt.**
**Rechts: Über die Schleifenmitte wird ein Bandstück geknotet.**

# Verzeichnisse

## Weiterführende Literatur


Aichele, Dietmar und Golte-Bechtle, Marianne: Was blüht denn da? Kosmos Naturführer. Franckh'sche Verlagshandlung, Stuttgart 1986

Bernhard, Marianne: Altes Brauchtum. Wilhelm Heyne Verlag, München 1985

Bürki, Moritz und Fleischli, Peter: Schnittblumen. Verlag Bernhard Thalacker, Braunschweig 1994

Craß, Eduard: Deutsches Brauchtum im Jahreslauf. Bibliographisches Institut, Leipzig 1935

Effelsberg, Anne: Duftsträuße und Potpourris. Falken Verlag, Niedernhausen 1992

Encke, F., Buchheim, G. und Seybold, S.: Zander-Handwörterbuch der Pflanzennamen. Verlag Eugen Ulmer, Stuttgart 1993. 14. Aufl.

Gogen, Peter: Mit Kindern durch das ganze Jahr. Gondrom Verlag, Bayreuth 1976

Gräfin Schönfeldt, Sybil: Feste und Bräuche. Otto Maier Verlag Ravensb. 1980

Granow, Gundel: Florale Bilder. Verlag Eugen Ulmer, Stuttgart 1993

Hansen, Walter: Das große Festtagsbuch. Christophorus-Verlag, Freiburg i. Breisgau 1984

Hillier, Malcolm und Kindersley, Dorling: Gestalten mit Blumen, Übersetzung SDK Verlag, Stuttgart 1991

Klaffke, Bernhard: Frohe Tage Jahr für Jahr. Georg Westermann Verlag, Braunschweig 1959

Kreuter, Marie Luise: Rezepte aus dem Bauerngarten. Ariston Verlag, Genf 1986

Kreuzer, Johannes: Kreuzer's Gartenpflanzen Lexikon, Band 1, 2, 4. Verlag Bernhard Thalacker, Braunschweig 1989, 1990, 1993

Marzell, Heinrich: Volksbotanik. Verlag Enckehaus, Berlin 1935

Seitz, Paul: Duftpflanzen anbauen und verwenden. Frankh-Kosmos Verlag, Stuttgart 1992

Seymour, John: Selbstversorgung aus dem Garten. Ravensburger Buchverlag Otto Maier, Ravensburg 1978

Sikula, Jaromir: Taschenatlas der Gräser. Verlag Werner Dausien, Hanau 1977

Sprunger, Samuel und Wieler, Marianne: Trockenmaterialien für die Floristik. Verlag Eugen Ulmer, Stuttgart 1992

Tergit, Gabriele: Kleine Geschichte der Blumen. Ullstein Verlag, Frankfurt 1981

Vacano-Bohlmann von, Erna: Jugend im Jahresring. Voggenreiter Verlag, Potsdam 1937

Wundermann, Ingeborg: Herbststräuße. Verlag Eugen Ulmer, Stuttgart, 1990

Wundermann, Ingeborg: Der Hobby-Florist. Verlag Eugen Ulmer, Stuttgart 1993


## Bildquellen

Binder, Egon M., Grafenau: Seite 17, 24.

Hönicke, Thomas, Hannover: Seite 12, 29 unten, 34, 64, 65, 66, 67, 73 Mitte links, 83.

Kuch, Erich, Hohebuch: Seite 37, 38, 49.

Lorz, Kurt, Nürnberg: Titelfoto, Seite 15, 42, 47 (2), 48, 50.

Stobbe, Christian, Braunschweig: Seite 32, 36, 52, 53, 82.

Alle übrigen Fotos von der Autorin. Auch die floristischen Arbeiten stammen, soweit nicht anders angegeben, von der Autorin.

Zeichnungen: Malgorzata Gusta

# Sachregister